规模化畜禽养殖场粪污资源化利用技术与模式

——以山东省为例

王艳芹　付龙云
刘兆东　袁长波◎主　著
战汪涛　姚　利　董　亮◎副主著

·北京·

图书在版编目（CIP）数据

规模化畜禽养殖场粪污资源化利用技术与模式：以山东省为例 / 王艳芹等主著. —北京：科学技术文献出版社，2023. 11
ISBN 978-7-5235-0941-8

Ⅰ. ①规… Ⅱ. ①王… Ⅲ. ①畜禽—粪便处理—废物综合利用—案例—山东 Ⅳ. ① X713.05

中国国家版本馆 CIP 数据核字（2023）第 216129 号

规模化畜禽养殖场粪污资源化利用技术与模式——以山东省为例

策划编辑：钱一梦　　责任编辑：赵　斌　　责任校对：王瑞瑞　　责任出版：张志平

出 版 者　科学技术文献出版社
地　　址　北京市复兴路15号　邮编　100038
编 务 部　（010）58882938，58882087（传真）
发 行 部　（010）58882868，58882870（传真）
邮 购 部　（010）58882873
官方网址　www.stdp.com.cn
发 行 者　科学技术文献出版社发行　全国各地新华书店经销
印 刷 者　北京虎彩文化传播有限公司
版　　次　2023 年 11 月第 1 版　2023 年 11 月第 1 次印刷
开　　本　710 × 1000　1/16
字　　数　209千
印　　张　13.5
书　　号　ISBN 978-7-5235-0941-8
定　　价　56.00元

著者名单

主　著： 王艳芹　付龙云　刘兆东　袁长波

副主著： 战汪涛　姚　利　董　亮

参　著： 赵自超　孙　逊　井永苹　仲子文

张英鹏　薄录吉　戴凤宾　姚元涛

张志军　田忠红　车国玺　张秀云

张治家　袁悦强　于金山　钟　闻

崔　平　王远亮　徐　倩　常守瑞

来寿鑫　闫茂鲁

前 言

畜牧业的出现是人类文明发展的重要革命性事件，距今9000年左右的河南舞阳贾湖遗址及距今3000多年的河南安阳殷墟遗址中家猪、家鸡骨骸的发现，表明中国是最早实现畜禽驯化的国家之一。“仓廪实而知礼节，衣食足而知荣辱”，畜禽养殖不但使人类获得了稳定的肉类食物、毛皮来源，马、牛等大畜种的成功驯养更是极大解放了人力、扩大了人类活动范围，促进了不同文明间的交流和融合。

畜牧业的发展可以分为几个典型时期：原始畜牧业、古代畜牧业和近现代畜牧业，原始畜牧业和古代畜牧业一般规模较小，以家庭式的生产方式为主，饲养动物的主要目的是提供劳力、食物和皮毛，又因农业文明、草原文明等的划分和历史发展的不同阶段而有所区别。第一次工业革命以后，人类社会生产力获得空前解放，人口数量暴增，人与水土资源的矛盾日益突出，传统一家一户的养殖方式愈加难以维持。而育种、兽医、饲料等科技的进步和集约化生产方式的引入，为规模化畜禽养殖的出现提供了保障。

规模化畜禽养殖场的出现是近现代畜牧业发展的重要标志。相对于传统散养，规模化养殖具有如下特点：规模更大，如生猪年出栏500头以上、蛋鸡存栏10 000羽以上，远非传统散养所能达到；生产高度集约化，采用先进的生产设备和管理系统，如自动化喂食、饮水系统，环境控制设备等；管理专业化，配备专业的兽医、营养师和技术人员，执行严格的生产管理和防疫程序；饲料、水、能源等资源利用效率高，浪费较少；市场导向性强，生产活动紧密对接市场需求，注重产品质量和标准化。

然而，随着规模化养殖的发展，带来的环境问题也不容忽视。《第二次全国污染源普查公报》显示，2017年全国畜禽规模养殖场水污染物排放量：

化学需氧量为604.83万吨，氨氮为7.50万吨，总氮为37.00万吨，总磷为8.04万吨，已成为农业面源污染的主要来源之一，而不合理的畜禽粪污处理方式使得环境污染风险更加严峻。同时需要认识到，畜禽粪污含有丰富的有机质和氮、磷、钾等植物养分资源，经过合理转化后可转变为沼气、优质有机肥等可再生资源，不但可以大大减少粪污对环境的潜在危害，更能促进农牧业的紧密结合，实现全产业链绿色发展。近年来，国家有关部门先后出台了《国务院办公厅关于加快推进畜禽养殖废弃物资源化利用的意见》《畜禽粪污资源化利用行动方案（2017—2020年）》《“十四五”全国畜禽粪肥利用种养结合建设规划》等方针、政策，中央和地方先后通过财政直接补贴、畜禽粪污资源化利用整县推进项目、多元化融资等方式，支持规模化畜禽养殖场粪污资源化利用工作。

山东省是畜牧业发展大省，在养殖规模、产值贡献、产业结构优化及现代化水平等方面均走在全国前列。2022年，山东省畜牧业产值达到了3003.54亿元，占全省农林牧渔总产值的四分之一，全省畜禽肉蛋奶总产量达到1587万吨，同比增长1.5%，为全国市场的稳定提供了有力保障。同时，为应对全省畜禽粪污产生量大、土地承载力紧张的难题，山东省注重技术推广与创新，鼓励和支持畜禽粪污处理新技术的研发与应用，如厌氧消化、生物质能源转化、有机肥加工等技术，有力提高了粪污处理的效率和资源化水平。同时，省政府出台了《山东省畜禽养殖粪污处理利用实施方案》，全面指导全省畜禽粪污处理利用工作。本书以山东省为例，介绍了厌氧发酵、好氧堆肥、安全还田利用等畜禽粪污资源化利用技术，并以生猪、奶牛和家禽为例介绍了典型工作案例和相关地方法规、标准，以期推动全国规模化畜禽养殖业的高质量发展。

目 录

第一章

国内外畜禽粪污资源化利用情况

第一节　国外畜禽粪污资源化利用情况

自 20 世纪中期起，各发达国家的畜禽养殖业开始朝规模化与集约化方向迈进。规模养殖虽然形成了良好规模效益，但日产畜禽粪污量大量增加，而这些粪污又极难无害化处置，因而对环境造成严重破坏。一些养殖密集的国家，如荷兰南部，由于养殖密度非常高，畜禽粪污产生量已完全超出了土地的承载能力，从而引起土壤中硝酸盐过剩。在法国，畜禽粪污导致水中硝酸盐含量严重超出饮用水标准，已严重威胁到居民的饮水安全。英国、法国和意大利等国家由于畜禽粪污造成的环境污染问题激化了生产与环保之间的矛盾，进而导致居民游行示威。

针对畜禽粪污污染与粮食、饲料等短缺问题，国外学者从 20 世纪 60 年代开始关注将畜禽粪污作为可再生资源开发利用，以缓解能源与环保之间的矛盾。20 世纪 80 年代末，以化学氧化法、生物堆肥法、厌氧发酵法等为代表的化学生物发酵技术得到广泛应用。各畜牧业发达国家都非常重视畜禽养殖污染防治立法。芬兰是立法最早的国家，立法最多的是日本。德国、英国、荷兰等国家都有较完善的畜禽养殖污染防治法律。同时制定了相应的处罚条例、监督办法等。

国外畜禽粪污资源化利用的成功经验主要归纳为 3 条：一是实施种植和养殖一体化。在发展畜牧业的同时，发达国家非常重视种植和养殖的平衡发展，在养殖规模的核算上也会充分考虑周边农田对畜禽粪便的承载能力。例如，在美国，大型畜禽养殖场数量并不多，在养猪方面，起主导作用的是年出栏

500 头以内的农牧结合的小型农场；在英国，大多数养殖场都建立在自己的农场里，畜禽产生的粪污完全自己消纳。二是严格规定标准，控制污染排放。在发达国家中，必须遵循的是畜禽场排放量达标之后才能排放，如欧洲国家制定了畜禽污染的排放标准、限制畜禽污染的排放。除上述规定外，日本还将养殖户的废水先经污水处理厂后再排放。三是实施污染转移策略。由于处理畜禽养殖污染需要高投入，发达国家通过多年以来的污染治理经验，开始实施污染转移策略，即在发展中国家建厂以转移污染。

一、美国

美国是畜禽养殖规模化与集约化程度比较高的国家，在畜禽养殖业带来经济收益的同时，畜禽粪污流入土壤、江河湖中，严重破坏环境。美国《联邦水污染控制法》规定：存栏量在 1000 头（只）以上的规模化畜禽养殖场须经相关部门许可才能建立；存栏量在 300 ～ 1000 头（只）的畜禽养殖场，其污水排放方式须经许可并报相关部门备案；存栏量在 300 头（只）以下的畜禽养殖场一般情况下可不经审批。根据畜禽养殖数量，美国将畜禽养殖污染分为点源污染与非点源污染进行分别治理。针对点源性污染治理，通过污染物集中与使用技术手段处理使排放物强制达到国家排放标准。针对非点源性污染治理，主要通过综合无害化处理，主要方法为：①国家部门和民间团体两个层次分别制订污染物治理措施与项目计划；②通过防污良好，推广广泛的生产者对其他从业者进行培训与经验示范，综合各种方法以达到养殖业废弃物无害化处理利用。1977 年，美国《清洁水法》中规定，工厂化的规模养殖业看作点源性污染，与工业和城市设施污染相同，要求其排污水平达到国家污染减排系统标准。畜禽场建设规模超过一定标准的，需要经上报审批，取得环境标准许可后，还要严格履行环境法及相关政策要求。此外，美国于 1987 年在《清洁水法》（修订版）中重新定义非点源性污染，并制订了非点源性污染治理计划。除使用法律手段外，美国还特别注重使用农牧结合来破解养殖业排污治理的难题。目前，美国多数大型农场均为农牧结合型农场，合理协调种植与养殖关系，适当安排轮种，科学分配生产与销售等环节，严格落实“以养定种”的目标，合理分配养殖与种植规模，使“草、料、肥”

3 种形态的产品形成良性循环，以解决养殖业污染源的污染问题。

美国将畜禽粪便的处理利用作为“粪便科学”开展了深入研究，对畜禽养殖场粪污管理非常严格，规定畜禽养殖场超过一定规模，建场须通过环境许可。美国从政府、科研单位到生产者都十分重视环境保护，积极开展“环保型”饲料和粪污处理利用技术研究，如氧化塘污水处理技术、现代微生物技术和生物发酵工艺等。

二、加拿大

同美国类似，加拿大也主要通过法律手段管理养殖业污染。加拿大地方各个省均针对畜禽养殖业制定了环境管理技术标准，所有养殖从业者必须按照标准严格管理以防止污染。畜禽养殖业的环境管理技术标准中规定的内容十分详尽，包括从业者建厂的地理位置选择及施工、粪污存放与土地使用等一系列规范。一旦从业者违反管理标准导致环境污染，地方环保部门将按照相关法律进行处罚。例如，加拿大的畜禽养殖业环境管理技术标准要求，养殖场内部产生的畜禽粪污必须在附近 10 km 内的土地中自行消纳，如果畜禽养殖场本身没有能够处理本场粪污足够的土地，就必须同其他畜禽养殖场签订粪污使用合同，以保证自产粪污可全部利用。

加拿大注重发展行业自律制度，各种类型的畜禽养殖协会通过自我管理、自我约束、自我服务的方式将原本分散经营的畜禽养殖者集中起来，形成养殖团队，为团队内部成员谋取利益最大化。作为综合性与专业性的行业协会，实行自律管理，即通过行业协会内部的规章制度规范各个畜禽养殖者的行为，维护整个行业良好而有序的经营秩序。

加拿大治理畜禽粪污污染以综合利用为主。规定禁止将畜禽养殖场污水排放到河流中，必须将液体肥料还田使用，固体粪污采用堆肥发酵处理方法，堆肥发酵处理首先要建堆肥处理场，但堆肥场必须建防渗层，地面正常是水泥结构，也可用黏土层作为防渗层。发酵的填料可用锯末、树叶、碎木片秸秆等。定期翻动，并不断通气和控制水分含量，整个发酵过程需要 2 ～ 3 个月。对畜禽粪便环境污染的管理主要利用畜牧业与农业的高度结合，用充足的土地进行消化是解决畜禽污染的出发点。

三、欧盟

欧盟畜牧业相当发达，畜牧产品产业化经营在整个农业产业发展中占有特别重要的位置。在畜禽养殖废弃物的管理上，欧盟出台了一系列政策法规、管理规定、生态补偿标准等，涵盖了生态环境、食品质量安全、动物健康及福利标准等方面，将与畜禽养殖业挂钩的每个环节有机联系在一起。在畜禽养殖场的选址方面，欧盟法律规定要在综合考虑养殖场周围地形地貌、环境质量水土条件的基础上选择合适的位置，避免对当地水体、土壤、空气、牧草及其他生物造成污染。在废弃物的管理方面，法律对畜禽粪便的施用次数、用量及时间做了详尽的规定，要求定期监测畜禽养殖与畜禽废弃物排放情况，适时对养殖数量、饲料供应量、污染处理设备做出调整，避免产生多余的废弃物。

20 世纪 90 年代，欧盟各个成员国审议了新修订的环境法，法律中重新定义了每公顷载畜量标准、畜禽粪污用于农用的限量标准和圈养畜禽密度标准，鼓励从业者实施粗放式畜牧养殖，严控养殖规模，依据种植面积合理设置粪污处理装置，并通过控制载畜量、挑选适宜作物品种、压缩无机肥使用、合理使用有机肥等良性循环性活动减轻环境负担，并规定凡按此标准执行畜牧养殖的从业者均可得到养殖补贴。

在畜禽养殖场选址与建设之前，要有专门的畜禽养殖评估机构对养殖场的空间布局与内部构造、养殖场的经营成本与风险、养殖行为对生态环境的影响等情况进行评估，评估报告用数据统计与图表展示，并在规划图上用不同的颜色分别标注高环境风险地区、中等环境风险地区及低环境风险地区，根据不同的环境风险区决定畜禽粪便与污水排放量与排放次数，明确不能任意将畜禽粪便与污水还田利用的区域。在养殖场的突发事件应急管理体系中，要确保渗漏等紧急情况能得到及时处理，在最短的时间内将畜禽从养殖场撤离，尽量避免渗漏对地表水与地下水产生影响。在养殖场经营期间，需要根据畜禽饲养情况、废弃物排放情况及污染治理情况调整养殖行为，对于环境污染严重的养殖场予以关闭或迁移，由此造成的环境污染损失予以赔偿。例如，欧盟在 2004 年出台的《环境责任指令》就授权各成员国维持或采取更严厉的

措施，要求污染者承担防止环境损害发生的费用或环境受损时用于恢复环境的费用。

1. 德国

在德国，有《粪便法》与《肥料法》两部控制畜牧业污染的法律。法律规定，没有经过处理的畜禽粪便禁止排入地下水源或地表。此外，在与所供应的城市公用饮水或饮用水有关的水源地上，针对单位土地面积对应的畜禽最大饲养量进行了规定，数量上限为猪 9 ～ 15 头、鸡 1900 ～ 3000 只，羊 18 只、鸭 450 只，牛 3 ～ 9 头、马 3 ～ 9 匹。而且规定每年 10 月至第二年 2 月不允许在田间放牧家畜或将家畜粪便排入农田。

德国联邦农业研究中心开发了年生产能力为 1.5 万 t 的动物尿的多级处理工艺，即好气性嗜热技术结合氮再生和利用化学添加剂降低可溶性磷含量技术处理动物粪尿工艺。消毒、氮分离、减少异味可以通过好气性嗜热工艺来实现，但是降低磷含量必须采取其他方法来完成。该工艺的关键设备是好气性嗜热生物反应器和双级氨吸收塔。

2. 荷兰

荷兰是畜牧业大国，与控制畜牧业环境污染有关的法律有《生态法》和《土壤保护法》，早在 1971 年就规定，禁止将粪污直接排放至地表水中，以此减少畜禽粪便对环境的污染。此外，从 1984 年起，国家不再批准现有从业者扩大养殖规模，并通过法律限制载畜量，如果养殖户超过此标准则需要缴纳粪便费。

荷兰的相关法律规定，在养殖业密集地区，必须把过剩的动物粪尿运送到 200 km 以外的地区。因此，为了减少动物粪尿的运输和储存费用，迫切需要能够在当地直接处理动物粪尿的新技术。从 1998 年开始由荷兰 3 家研究机构和 6 家公司联合，开发了一种小型的处理猪粪尿的工艺，能够在猪圈内对粪便直接进行处理，处理后的粪便制造成高浓度营养成分的有机高效肥料，便于运输、储藏和田间施用。该系统被命名为 HERCULES 工艺，作为样板系统对外开放。

由于在荷兰和养殖业密集地区的地表水磷富营养污染严重，降低粪便中可溶性磷的浓度是处理工艺亟待解决的问题之一。在堆沤处理过程中，通过加入化学添加剂，可降低可溶性磷的浓度。高浓度有机肥和液体氮肥在农业中具有广泛的应用前景。该系统无论是堆沤过程还是液体氮肥浓缩过程，都能够有效地对粪尿进行全面消毒处理，减少异味。

3. 丹麦

丹麦在遵守欧盟制定的相关法律法规的基础上，进一步规范了本国的管理措施和执行标准。在畜禽养殖业废弃物处理处置过程中，丹麦采取了多种政策鼓励措施、严格的法律法规约束手段，出台了具体详细的生态补偿事项，保证了国家在畜禽养殖废弃物管理层面的顺利执行。第一，严格限定粪便施用量和时间。由于土壤对有机物的消纳量有限，同时作物生长发育过程中对养分的需求也有所不同，因此要限定粪便施用量和时间。第二，合理布局与污染防治。在最初农场规划布局时，均需要请有资质的机构来进行选址设计、成本收益测算、企业经营和环境风险的评估等步骤，并且配套有全面的数据、图表统计资料加以辅证。场区布置要求考虑准确的坡度、土壤类型、地表水位置和水供应等因素，以确定哪些地方或哪些地方的部分地区不能应用畜禽粪便和养殖废水作为肥料。第三，多元化管理渠道和标准。在畜禽养殖废弃物管理程序的规定中，一般可以选择下面 3 种方法中的任何一种或几种方法相结合来进行处理：①废弃物能够安全储存达到 6 个月以上；②将废弃物集中到可以回收或处理的地方；③将废弃物提供给具有授权许可的个人或公司，根据具体条件注册登记废弃物回收或处理的豁免权。

从污染控制标准和法规等管理工具分析，丹麦的中小型畜禽养殖场采用区域种养结合控制模式。这种模式将种植业和养殖业有机结合，将养殖场粪便及冲洗废水进行无害化处理后，作为肥料和灌溉用水，基本保持了种养平衡。

丹麦主要依据强制性与自愿性两种原则，以完整详细的政策措施、法律法规、管理标准、补偿计划为基准，辅以简单、高效且低成本的技术手段与强有力的教育手段，形成了完备的生态补偿机制。从生态补偿机制方面看，丹麦根据欧盟的总体要求制订出本国的农业环保计划和措施，所有农业环保措施都是完全建立在农民自愿的基础之上，而且对属于各种政策目标范围的绝大多数农业环保措施都提供补贴，且补贴力度很大。补贴的计算基础是以前的收入和采取农业环保措施所需要的经费奖励。

4. 西班牙

卡塔卢尼亚(位于西班牙东北部)的西部是西班牙养猪业高度密集的地区。据统计，由于养殖业产生的动物粪尿造成该地区每年至少有1710 t氮和730 t磷过剩，迫使当地政府不得不寻找输出过剩的动物粪尿到其他地区的有效方法。经过科研部门的研究分析后，提出的最佳方案是采用VALPUREN工艺处理过剩的动物粪尿，处理后的动物粪尿被制成高效有机肥，然后销售到其他地区，同时用该工艺生产的沼气发电。VALPUREN工艺的特点是采用厌氧生物降解粪尿，生产沼气技术和蒸发干燥技术相结合。蒸发和干燥所需要的热量靠发电厂的余热提供。

5. 法国

法国地处欧洲大陆西部，平原地势，草地面积较大，气候温和，谷物生产和食品工业均有很高的发展水平，从而使得法国在畜牧业发展方面具有得天独厚的优势。法国畜牧业以饲养牛、猪、羊和禽类为主，这4种畜禽的肉类产量在法国肉类总产量中占有很高的比重。

法国西部是重要的养殖区，养殖污染比较严重，国家通过法律手段对养殖业加以严格管理。对于畜禽粪便的定性、使用及市场投放都有相应的管理措施，在《卫生条例》或《环境法典》中有相关的技术要求。同时，法国遵守欧盟《硝酸盐指令》《饮用水水质指令》中相关的规定。法国还将欧盟《水框架指令》中关于农业上的硝酸盐排放的规定和《工业排放指令》中关于畜禽养殖的规定都写进了法律中。此外，在养殖废水的处理和排放、畜禽粪便的储存时间、发展沼气工程、空气污染防治措施和禽流感的预防等方面均有相关的规定和措施。从城市到乡村，所有的种植、养殖区域布局，以适应环境为原则，经过长期的调整和规划，工农业态的比例不断接近最优。对于农业区规划来说，既要适应环境又要适应生产和市场，他们的理念是在现有的资源条件和经济实力下，做到最良性的运转。

同时，法国建立了动物副产品法规，通过确保收集、处理和使用或安全处置动物副产品来保护动物和公共卫生。主要方式有两种：①用作有机肥料和土壤调理剂。依据国家环境政策，没有传染性疾病风险的动物副产品，方可进入国家土地使用，可进行堆肥处理或转化为沼气，并且需要在被批准或是经认证的工厂进行。对于出现严重传染性疾病的动物副产品，需经过压力灭菌处理。②作为燃料使用，在不久的将来，仅禽类养殖场或小规模的养殖场被批准为燃烧厂。

法国农田的吸收粪污排放量是按氮的指标来计算，每公顷的土地大概允许排放 140 ～ 150 kg 的氮，每公顷的土地只允许养 4 ～ 5 头肥猪，每 100 公顷允许养 500 头肥猪。法国中小型的养殖场一般选择用一定的土地面积来消纳养殖产生的粪污。粪污处理主要有两种方法：一种是靠有氧或厌氧发酵的方法来降低氮的含量，然后直接排到可容纳一定排放量的农田里；另一种是通过改善饲料的成分，减少动物的排便量或粪便的含氮量。

粪肥处理技术分为干湿分离、堆肥、沼气和化粪池。这些技术既可以单独使用，也可以组合使用。法国养殖场多数采用粪污先干湿分离，然后进行堆肥、沼气等生物处理，通过建造大型沼气池发酵粪便生产沼气发电利用的占比很小。

四、英国

英国被认为是基本无畜牧污染的国家，英国制定的环境法规严格约束了畜禽养殖业的环境行为，还将畜禽养殖业环境污染的有关管理规定列入了《农耕法》《水法》等法规中。《农耕法》对每公顷每年耕地的粪便施用量、施肥季节等有明确的规定；《城乡规划法规》规定养殖场的任何新建和扩建工程必须得到建筑规划许可，规模养殖场须将环境影响评价报告和建设申请书同时申报审批；《保护水环境的农业活动导则》规定贮存养殖业废物和其他有机物，以及如何施用于农田的技术原则；《保护大气环境的农业活动导则》对畜禽棚舍的清理、混凝土地面的防腐、场舍粪便的及时处理等方面都提出了具体的措施和要求；还制定了一系列具体的畜禽粪污防范措施，如规定了每个畜牧场的最大饲养量。

英国的畜牧业远离大城市，与农业生产紧密结合。经过处理后，畜禽粪便全部作为肥料，既避免了环境污染，又提高了土壤肥力。为了让畜禽粪便与土地的消化能力相适应，英国限制建立大型畜牧场，规定一个畜牧场最高头数限制指标为奶牛 200 头、肉牛 1000 头、种猪 500 头、肥猪 3000 头、绵

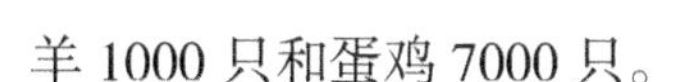

羊 1000 只和蛋鸡 7000 只。

五、日本

日本注重运用法律手段解决畜禽养殖污染问题。1970 年前后，日本的畜牧业对环境的破坏十分严重，对此，日本通过了《防止水污染法》《恶臭防止法》《废弃物处理与消除法》等 7 部相关法规，对养殖场污染治理出台详细严格措施。此外，日本政府还出台国家补贴政策，鼓励从业者保护环境，减少畜禽粪污对环境的污染，即国家和地方财政补贴占农场环保处理设施建设费 75%、农场自付 25%。

在日本，关于粪污处理方面，1970 年制定了《粪便处理法》、1998 年出台了《促进家畜排泄物的适当管理及利用法》，并且明文规定，畜禽粪便不可以随意丢弃、堆放或排放，不可以直接在农田里施肥，粪便需要经过处理之后变成商品才可以在市场上流通。日本普遍采用干湿分离的方法处理粪肥，固体部分经过燃烧及炭化作为肥料或其他原材料，液体部分直接堆肥作为肥料或其他能源来源，气体部分经过脱臭处理将其化解成无臭气体排放，对固、液、气的处理方法将畜禽粪便纳入循环回收系统加以综合利用。

第二节　我国畜禽粪污资源化利用情况

与发达国家相比，我国规模化养殖起步晚、环保意识薄弱、基础较差。我国畜禽养殖业的环保问题源于缺乏“大局观”，没有全面考虑各种条件的综合情况（如土地、水源承载力、种植业相关配套等）并混乱无序经营的结果。但我国政府同样关注到养殖污染问题，对此相继出台了部分治理规定，我国法律建设与国外相比层次较低，现行规定均为行政法规，并非法律条文，因而强制性不强，在现实中“有法不依”的现象突出。

在规范畜禽粪污处理方面，我国颁布了部分相关法律法规。2001 年 3 月，国家环境保护总局下发《畜禽养殖污染防治管理办法》；12 月，国家环境保护总局与国家质量监督检验检疫总局联合下发了《畜禽养殖业污染物排放标准》，对已有畜禽养殖场的环境污染提出了限期达标排放、搬迁等治理方案。2023年3月1日，《中华人民共和国畜牧法》（修订版）实施，其中第四十六条指出："畜禽养殖场应当保证畜禽粪污无害化处理和资源化利用设施的正常运转，保证畜禽废污综合利用或者达标排放，防止污染环境。违法排放或者因管理不当污染环境的，应当排除危害，依法赔偿损失。国家支持建设畜禽粪污收集、储存、粪污无害化处理和资源化利用设施，推行畜禽粪污养分平衡管理，促进农用有机肥利用和种养结合发展。"

有关畜禽养殖粪污防治的主要规章标准有：《国务院关于印发循环经济发展战略及近期行动计划的通知》（国发〔2013〕5号）、《国务院办公厅关于推行环境污染第三方治理的意见》（国办发〔2014〕69号）和简称"水十条"的《国务院关于印发水污染防治行动计划的通知》（国发〔2015〕17号）。关于畜禽养殖粪污防治的主要文件有：《畜禽养殖业污染物排放标准》、《畜禽养殖业污染防治技术规范》、《农业部关于打好农业面源污染防治攻坚战的实施意见》（农科教发〔2015〕1号）、《农业部关于促进南方水网地区生猪养殖布局调整优化的指导意见》（农牧发〔2015〕11号）、《农业部办公厅关于印发畜牧业绿色发展示范县创建活动方案和考核办法的通知》（农办牧〔2016〕17号）、《农业部关于印发〈全国生猪生产发展规划（2016—2020年）〉的通知》（农牧发〔2016〕6号）、《农业部办公厅关于印发〈洞庭湖区畜禽水产养殖污染治理试点工作方案〉的通知》（农办牧〔2016〕19号）、《国务院印发〈土壤污染防治行动计划〉的通知》（国发〔2016〕31号）、《关于推进农业废弃物资源化利用试点的方案》（农计发〔2016〕90号）、《中华人民共和国固体废物污染环境防治法》（2020年修订）、《农业部关于认真贯彻落实习近平总书记重要讲话精神加快推进畜禽粪污处理与资源化工作的通知》（农牧发〔2017〕1号）、《农业部关于印发开展果菜茶有机肥替代化肥行动方案的通知》（农发〔2017〕2号）、《农业部办公厅关于印发2017年农业面源污染防治攻坚战重点工作安排的通知》（农办科〔2017〕8号）、《农业部关于实施农业绿色发展五大行动的通知》（农办发〔2017〕6号）、《农业部财务司、财政部农业司关于做好畜禽粪污资源化利用试点工作的预备通知》（农财金函〔2017〕22号）、《国务院办

公厅关于加快推进畜禽养殖废弃物资源化利用的意见》（国办发〔2017〕48号）、《农业部关于印发〈畜禽粪污资源化利用行动方案（2017—2020年）〉的通知》（农牧发〔2017〕11号）等，以上标准和文件对养殖场所的管理原则、排污标准、污染防治技术等都做了详尽的细化标准论述。以上法律法规和标准文件构成了当前畜禽养殖污染治理保护农村生态环境的重要法律规范体系。

近年来，我国深入实施乡村振兴战略，牢固树立创新、协调、绿色、开放、共享发展理念，统筹环境保护和畜牧业的协调发展，坚持政府支持、企业主体、市场化运作的方针，按照源头减量、过程控制、末端利用的治理原则，突出规模养殖场治理重点。通过种养结合及农牧循环等路径，严格执法监管、完善扶持政策等方式全面推进畜禽养殖废弃物资源化利用，畜禽养殖废弃物资源化利用成效显著，初步形成了生态畜牧业新格局，有效促进了畜牧业绿色生态发展。但是目前畜禽养殖废弃物资源化利用的现状仍然不容乐观，尤其是自主经营的畜禽养殖行业，畜禽粪污的处理主要靠传统的露天发酵，排污设施不完善、污染大、资源化利用率不高，会对土壤造成不同程度的污染。如何深入推进绿色畜牧产业的发展，成为亟须解决的问题。可以持续大力推广资源化利用发酵罐模式，将粪污通过高温好氧的方式进行发酵。制成有机肥，用于畜禽喂养和农作物施肥。有机肥发酵罐优于传统的堆肥发酵模式，博龙有机肥发酵罐是一种环保设备，利用自然界中微生物的分解作用，有机固体废弃物在密闭发酵罐中连续好氧发酵7天左右，经微生物发酵、除臭、分解后，加工成农作物生物有机肥。有机肥发酵罐既可以带来可观的经济效益，又能够保护环境、改善土地，为养殖业的可持续发展做出贡献。

我国畜禽养殖规模不断扩大，畜禽粪污排放量也在增加。但是，目前在畜禽粪污的资源化利用方面，我国存在以下问题：①畜禽养殖与农牧脱节，种养不平衡。畜禽废弃物资源化利用不仅可以实现碳减排，也能增加能源供给，是一件利国利民的好事。受技术、设备、原料、价格及市场等因素的限制，目前我国畜禽废弃物资源化利用成本比较高，尚不具备竞争优势。许多养殖户采用传统的粗放式养殖模式，未建设合适的粪污处理系统，导致粪污资源未被有效利用。②系统性、普惠性政策缺乏。畜禽养殖资源化利用是减少污染物排放的最好方式，既减少了污染治理的压力，又对资源进行了再利用。养殖业主将粪污加工成有机肥卖给有机肥生产企业，是防治粪污污染的方式之一，但相关政府部门缺乏奖励机制，养殖业主在这方面的积极性不高。③技术不成熟。虽然我国已经在畜禽粪污处理方面投入了很多的研究力量，但是目前的技术水平还不够成熟，很难实现畜禽粪污资源化利用的最大化。

第三节　山东省畜禽粪污资源化利用情况

近年来，山东省努力践行“绿水青山就是金山银山”的理念，推进畜牧业降碳减排、绿色发展。以畜禽养殖污染治理为重点，有效降低“碳排放”。与生态环境等部门密切协同，编制畜禽养殖污染防治行动方案，建立联席会议、信息共享、联动检查等制度。印发《畜禽养殖环境保护倡议书》《畜禽养殖生态环境保护责任告知书》，推动落实属地管理责任和养殖场（户）环境保护主体责任。组织开展养殖场（户）粪污处理设施规范整治，梳理畜禽养殖环境保护法律法规 9 项 40 条、裁量基准 42 项，通报环保执法案例 18 个，把全部养殖主体纳入治理范畴，规模以上和规模以下养殖场户并重，坚决打击偷排漏排等环境违法行为。实施规模养殖场粪污处理分级分类管理，加强差异化监督、精细化指导，推动全省 3.2 万家规模养殖场全部配套建设粪污处理设施。

以畜禽粪污资源化利用为重点，加快推进“碳循环”。充分利用种养大省优势，加强支持引导，统筹布局优化、政策支持、示范带动、监督指导，推进畜禽粪污资源化利用，贯通粪污产生、处理、利用的生态闭环，促进种养结合、生态循环。目前，山东省 56 个畜牧大县已经实现畜禽粪污资源化利用，整县推进项目全覆盖，总结推广样板典型 120 个，创建首批种养结合示范基地 80 家，全省畜禽粪污综合利用率稳定在 90% 以上，高出全国平均水平 14 个百分点，走在全国前列。全省基本确立了散户“就地还田、直接利用”、小型养殖场“加工制肥、协议消纳”、大型养殖场“加工制肥、分散利用”、第三方处理中心“集中收集、专业处理、商品生产”的畜禽粪污资源化利用模式。

全省涌现出山东银香伟业集团、菏泽宏兴原种猪繁育有限公司、滨州中裕食品有限公司等农牧一体典型，山东民和牧业股份有限公司、诸城齐舜农业有限公司等沼气发电和生物天然气典型，山东益生种畜禽股份有限公司、山东仙坛股份有限公司等龙头回收处理典型，山东启阳清能生物能源有限公司等第三方处理典型，金乡吴源建立互助处理中心典型，诸城、莱阳等整县制推进典型，树立了种养结合能源化利用、有机肥生产、中小养殖场户集中处理、绿色发展示范县等适用于不同区域、不同畜种、不同规模、不同方向的样板，示范引领能力明显增强。

近年来，山东省以新发展理念为引领，积极培育畜禽养殖粪污资源化利用新动能，加快形成植物生产、动物转化、微生物还原的生态循环系统，构建绿色导向农牧结合、生态循环的粪污资源化利用新机制，探索适合省情的粪污资源化利用之路，并取得了显著成效。

山东省畜禽粪污资源化利用存在的问题：①农牧结合不够紧密。种植与养殖优势区域不匹配，专门的服务组织或平台较少，粪源有机肥生产和施用季节不匹配，畜禽粪便连续产生，但农业用肥则集中在春秋季，夏季粪污利用减少，导致畜禽粪污得不到及时有效利用。②处理利用动力不足。大多粪源有机肥营养元素配比不全、认证通过率低、生产成本高、施用不方便相对于化肥见效快、成本低等优势，竞争力偏低，推广应用难度较大。③支撑服务比较薄弱。对畜禽粪污控源戒排、清洁生产、无害化处理、资源化利用等技术缺乏系统研究。市场上针对不同地区、不同类型、不同规模的适用性装备和微生物菌种宣传推广不足，不能完全满足生产需要。④扶持政策相对缺乏。山东省是家禽养殖大省，但畜禽粪污资源化利用整县制推进项目主要扶持牛、生猪养猪大县，对家禽养殖县没有扶持，且相关政策与生产实际不协调。

第二章
畜禽粪污资源化利用理论与技术

人类历史上，畜牧业发展可追溯到公元前8000年左右，家禽的养殖可追溯到公元前3000年左右。畜禽养殖业的出现，使人类从单纯依靠猎取、采集现成的动植物过渡到依靠自身活动增加生活物资，控制自身食物补给，提升了人类改造自然的能力。充足的生活物资使古人有闲暇享受精神文化生活，精神的富足又促使人类的生产力大幅提高。生产力的提升为人类的定居、家庭的组成、社会的构成和国家的建立奠定了基础，推动了整个人类社会的发展。畜禽养殖业的发生、发展就是社会进化的一个推手，自其产生以来，就一直围绕人类社会的发展而发展。

畜禽废弃物资源化利用需要遵循减量化原则、资源化原则、无害化原则、生态化原则，也就是说在减少生态环境污染的同时，又提高了资源的利用效率，具有很高的经济效益和生态效益，这将对我国农业可持续发展、农产品产量品质的提高及环境污染的治理产生积极的推动作用。

第一节　畜禽粪污产生和排放特征

一、概述

随着农牧业生产逐步走向集约化，尤其是规模化养殖逐渐成为主流的畜禽生产方式，我国畜牧产业获得长足发展。多年来，我国猪、羊存栏量和小畜禽存栏量一直居世界首位，丰富的肉、蛋、奶等产品为国内外市场提供了丰富的选择。规模化养殖极大提高了生产水平，降低了饲料成本，提高了畜

禽产品的产量和品质，创造了更为客观的经济效益，但也直接造成了畜禽粪污的集中大量产生。畜禽粪污主要包括养殖过程中产生的动物粪便、尿液、污水等，未经有效处理的畜禽粪污日渐成为农业面源污染的主要来源，据统计，“十三五”初期，我国每年产生的畜禽粪污约 38 亿 t，综合利用率不足 60%。其中，畜禽直接排泄的粪便约 18 亿 t，养殖过程产生的污水量约 20 亿 t。分畜种看，生猪粪污产量最大，年产量约 18 亿 t，占总量的 47%；牛粪污年产量约 14 亿 t，占总量的 37%，其中奶牛 4 亿 t、肉牛 10 亿 t；家禽粪污年产量约 6 亿 t，占总量的 16%。

《第二次全国污染源普查公报》显示，2017 年我国畜禽养殖业水污染物排放的化学需氧量达 1000.53 万 t、氨氮为 11.09 万 t、总氮为 59.63 万 t、总磷为 11.97 万 t，分别占农业源排放总量的 93.76%、51.30%、42.14% 和 56.46%。其中，规模化畜禽养殖场水污染物排放的化学需氧量、氨氮、总氮和总磷分别为 604.83 万 t、7.50 万 t、37.00 万 t 和 8.04 万 t，分别占畜禽养殖业排放量的 60.45%、67.63%、62.05% 和 67.17%，占比均超六成。

规模化畜禽养殖场粪污的短时间产生量远超出周围环境的承载力，且富含有机物质和氮磷等元素，极易腐烂变质，如处理不当、随意排放可引起固废堆积、污水横流、恶臭气体散发等一系列环境问题，对人居环境和自然环境造成严重威胁。畜禽粪污的无害化处理与资源化利用问题日益受到人们的关注。2022 年年初，生态环境部、国家发展改革委、财政部、自然资源部、住房城乡建设部、水利部、农业农村部等七部委联合发布《“十四五”土壤、地下水和农村生态环境保护规划》，明确提出加强畜禽粪污资源化利用，到 2025 年，全国畜禽粪污综合利用率要达到 80% 以上，京津冀及周边地区大型规模化养殖场氨排放总量削减 5%，有效保障人居环境和生态环境安全。

作为养殖大省、强省，山东省的肉蛋奶总产量连续多年居全国首位，在满足本省消费的同时，还有 1/3 的畜产品外调。同时，山东省总人口为 1.02 亿人，总面积为 15.58 万 km^2，人多地少，人均土地、水资源占有量均远低于全国平均水平，而畜禽粪污的年产生量超 2 亿 t，且规模养殖比重达 85.5%（高于全国水平 15 个百分点），粪污的有效处理更加关系到人民健康、优美环境的保持和农牧产业的健康发展。抓好畜禽养殖粪污资源化利用，对于改善农村农民生活环境、减少农村面源污染、推进农业绿色发展、提供优质安全农产品具有十分重要的意义。近年来，山东省高度重视畜禽养殖粪污资源化利用工作，结合全省土壤改良有机肥替代化肥行动，全力推动综合治理和畜禽粪污循环利用，取得了明显成效。

2022年11月，山东省生态环境厅、农业农村厅、畜牧兽医局在《山东省“十四五”畜禽养殖污染防治行动方案》中进一步明确要求，到2025年，全省畜禽规模养殖比重要达到88%以上，畜禽规模养殖场粪污处理设施装备配套率维持在100%，畜禽粪污综合利用率稳定在90%以上，畜禽规模养殖场粪污资源化利用台账建设率达100%，取得排污许可证的畜禽规模养殖场按照排污许可证要求自行监测覆盖率达100%。按照“源头减量、过程控制、末端利用”原则，以种养结合为抓手，山东省多措并举，加强畜禽粪污的末端安全利用。通过建设有机肥、沼气、生物天然气工程等，促进粪污肥料化、能源化、基质化利用，加强畜禽规模养殖场粪污全量化利用；通过配备与养殖规模相匹配的粪污消纳用地，采用堆积腐熟发酵等形式使粪污达到无害化要求，促进规模以下养殖户畜禽粪污就地就近还田利用；并通过组织实施“畜禽粪污资源化利用整县推进”“绿色种养循环农业试点”等项目，培育壮大一批粪肥收运和田间施用等社会化服务主体，完善田间地头管网和储粪（液）池等配套设施，畅通粪肥还田利用通道，解决粪肥还田“最后一公里”问题。这些举措的实施，为加强山东省畜禽养殖污染防治和畜禽粪污资源化利用工作、推进畜牧业减排降碳和高质量发展提供了有力支撑。

二、粪污产生量计算方法

同传统的一家一户散养、户外放牧等养殖方式不同，规模化畜禽养殖通常采用高产的养殖品种和优质的饲料，依靠现代化的管理技术和设备，包括自动化喂养系统、环境控制设备等，能够实现精准、高效的养殖操作和管理，可获得更高的产量和经济效益。但规模养殖规模大、密度高，对环境压力大，尤其是粪污产生多而集中，其处理要求与难度远高于散户养殖。实现规模化养殖畜禽粪污的无害化处理与资源化利用，首先需要探明其产生与排放规律。

畜禽原始污染物主要来自畜禽排放的固体粪便和尿液两部分，我国对于

畜禽粪污产生量的计算一般是遵循“产物系数法”。但是，对于各种畜禽的粪尿产生量和化学需氧量、氮、磷关联产量，不同研究之间可能差异较大，造成这种现象的原因主要有：畜禽种类选取不科学，涵盖面不广，代表性不强；因品种、年龄、体重、饲料、地区、季节等不同，畜禽日排粪尿量存在较大差异；取样方式、含水率等的计算标准不统一；畜禽出栏量、存栏量等关键数据存在错判、漏算问题等。

董红敏等参考其他行业污染物产生和排放系数的定义，将畜禽养殖业产污系数定义为：在典型的正常生产和管理条件下，一定时间内，单个畜禽所产生的原始污染物量，包括粪尿量，以及粪尿中各种污染物的产生量，并得出畜禽粪污产污系数计算公式：

$$FP_{i,j,k}=QF_{i,j}\times CF_{i,j,k}+QU_{i,j}\times CU_{i,j,k}, \tag{2-1}$$

式中，$FP_{i,j,k}$ 为每头（只）产污系数，mg/d；$QF_{i,j}$ 为每头（只）粪产量，kg/d；$CF_{i,j,k}$ 为第 i 种动物第 j 个生产阶段粪便中含第 k 种污染物的浓度，mg/kg；$QU_{i,j}$ 为每头（只）尿液产量，L/d；$CU_{i,j,k}$ 为第 i 种动物第 j 个生产阶段尿中含有第 k 种污染物的浓度，mg/L。

从式（2-1）可以看出，为了能够准确地获得各种组分的原始污染物的产生量，首先需要测定不同动物每天的固体粪便产生量和尿液产生量，同时采集粪便和尿液样品进行成分分析，分析固体粪便含水率，有机质、全氮、全磷等浓度，以及尿液中的化学需氧量、氨氮、总氮、全磷等浓度，再根据产污系数计算公式，就可以获得粪尿中各种组分的产污系数。

为便于统计全国范围内畜禽粪污产污情况，第二次全国污染物普查《农业源产排污系数手册》对“畜禽粪污产污系数”进行了详细界定，即在典型的正常生产和管理条件下，一定时间内单个畜禽所排泄的粪便和尿液中含各种污染物的量。

由于不同动物在饲养阶段的粪尿产生量与污染特性存在较大差异，为便于各地直接应用，《农业源产排污系数手册》按照生长期给出其污染物产量，其中生猪和肉鸡饲养小于 1 年，按照不同饲养期特性乘以天数进行累积求和获得；对于奶牛、肉牛和蛋鸡的饲养期超过 365 天的畜种，以年为单位给出各动物污染产生系数。

三、粪污污染物排放量计算方法

畜禽污染物排放系数（排污系数）是指在典型的正常生产和管理条件下，单头（只）畜禽每天产生的原始污染物经处理设施消减或利用后，或未经处理利用而直接排放到环境中的污染物量，包括污水和固体废弃物两部分。污水是畜禽养殖排污系数的主要来源，包括在畜禽舍中未收集的粪便、尿液和冲洗水等混合物，固体废弃物主要考虑收集粪便在贮存和处理过程中的流失率。对于规模化养殖畜禽粪污污染物排放总量的获取，排污系数的制定尤为关键。董红敏等认为排污系数除受粪尿产生量及其污染物浓度的影响外，还应考虑固体粪便收集率、收集粪便利用率；污水产生量、污水处理设施的处理效率、污水利用量等，并给出排污系数公式：

$$FD_{f,j,k}=[QF_{i,j}\times CF_{i,j,k}\times(1-\eta_F)+QU_{i,j}\times CU_{i,j,k}]\times(1-\eta_{T,F})\times(1-WU/WP)+QF_{i,j}\times CF_{i,j,k}\times\eta_F\times(1-\eta_U), \qquad (2\text{-}2)$$

式中，$FD_{f,j,k}$ 为每头（只）排污系数，mg/d；η_F 为粪便收集率，%；$\eta_{T,F}$ 为第 k 种污染物处理效率，%；WU 为污水利用量，m^3/d；WP 为污水产生量，m^3/d；η_U 为粪便利用率，%。

第二次全国污染物普查《农业源产排污系数手册》对“畜禽排污系数”进行了明确界定，即养殖场在正常生产和管理条件下，单个畜禽产生的原始污染物未资源化利用的部分经处理设施消减或未经处理利用而直接排放到环境中的污染物量，单位为千克 / 头（羽），分为规模化养殖场排污系数和养殖户排污系数。

规模化养殖场粪污污染物排放量的获取，须遵循《畜禽规模养殖污染防治条例》和《畜禽养殖业污染物排放标准》（GB 18596—2001）等有关法规、标准，通过规模化养殖场原位监测及入场普查相结合，探明不同地区规模化畜禽养殖量、粪便污水不同处理利用工艺所占的比例，以及相应排污系数，通过计算获取。建立养殖类型、养殖量、粪便管理方式与粪污产生和污染物排放量之间的对应关系，定量评价和测算畜禽粪、尿及其他主要污染物排放量，是科学测算畜牧业生产对环境质量影响的重要科学依据。

第二节　畜禽粪污资源化利用理论

一、可持续发展理论

可持续发展概念的首次提出是在 1987 年第八次世界环境与发展委员会中通过的《我们共同的未来》，报告详细而准确地阐述了可持续发展理念："可持续发展是既满足当代人的需要，又不对后代人满足其需要的能力构成威胁的发展"。畜禽养殖粪污在使用恰当的情况下是优秀的肥料资源，但若未经处理、利用则是一类数量大、浓度高的污染物，对生态环境的破坏力较强。同时，化肥、农药将大量有机物质挤离了农业系统，形成了一个怪圈——畜禽养殖粪污的有机物质进不来，同时土壤中的养分又在大量流失，两个产业都失去了可持续发展的基础。因此，畜禽粪污资源化利用是农业可持续发展的重要组成部分。

1994 年 3 月，我国制定和通过了《中国 21 世纪议程》，从我国具体国情和人口、环境与发展总体联系出发，提出了人口、经济、社会、资源和环境相互协调、农业可持续发展的总体战略、对策和行动方案，是我国农业可持续发展的研究和实践进入新阶段的标志。农业的可持续发展道路按照生态规律，利用自然资源和环境容量，实现经济活动的生态化转向遵循"减量化、再利用、资源化"，实现"高利用、低排放、再利用"，最大限度地利用进入生产和消费系统的物质和能量，提高经济运行的质量和效益，达到经济发展和资源、环境保护相协调，符合可持续发展战略的目标。

二、循环农业理论

循环农业理论倡导农业经济系统与生态环境系统相互协调、相互依存的发展战略，把农业经济增长建立在对 GDP 增长、集约化、结构优化、人口规模、环境意识、环境文化等经济社会指标与生物多样性、土地承载力、环境质量、生态资源数量与质量等生态系统指标进行综合分析、合理规划的基础上，以"减量化、再利用、资源化”为原则，以低消耗、低排放、高效率为基本特征的农业发展模式，这是一种符合经济可持续发展理念的模式。这种模式，相对于“大量生产、大量消费、大量废弃”的传统牧业增长模式来说，是一次根本性的变革。利用生物与生物、生物与环境、环境与环境之间的能量和物质的联系，建立起整体功能和有序结构，实现整体经济社会的循环模式，并实现经济、社会与生态效益的有机统一。

农业与自然生态系统密不可分，循环农业强调在农产品生命周期和农业生产活动中，以减量化的农业资源投入实现农业生态系统物质流与能量流的内部循环，从而在最少废弃物排放的前提下得到更多更好的农产品，这就是农业循环经济，其具体模式是循环农业。畜禽养殖粪污资源化利用的核心理论就是循环农业理论，其诞生于全球资源短缺、人口过度增长、环境严重破坏的严峻形势下。畜禽养殖粪污的资源化利用即贯彻“资源—产品—再生资源”这个闭合循环式流程的产物，摒弃原有“投入—产品”的单链条理念，将畜禽养殖粪污转化为与投入品相关的再生资源，从而减少资源的消耗，实现健康发展和环境友好型的生态农业。

三、生态农业理论

所谓生态农业是以生物和环境之间物质循环和能量转化为基本特征的农业生产形态。它将农业生产视为生态系统，从生物和环境的有机结合上，充分发挥能量多级转化和物质再生的功能，生产出高产量、低污染的优质农产品，实现物质的良好循环和能量的顺利转化，促进和实现农业的可持续发展，是适应生态文明时代需要的生态型集约的、可持续的农业生产体系。我国生态农业的基本内涵是按照生态学原理和生态经济规律，因地制宜地设计、组装、调整和管理农业生产和农村经济的系统工程体系。畜禽养殖粪污资源化利用调配了“种”“养”两种农业生态系统间物质的流动，改变了以往种养物质单循环的现象，使粪污创造出新的使用价值。而从使用方式上，畜禽养殖粪污资源化利用又可以分为“种—养”“养—养”“养—能源—种”等多种模式，但究其根本是利用农业生态学理论，调配不同生物之间、不同生物与环境之间的关系，构建社会、经济和生态效益相协调的农业生产系统。

四、资源经济学理论

资源经济学认为，不存在单纯意义上的废弃物，对不同的生产者或消费者而言，废弃物和生产资料的定义是可以相互转换的，即一个行业的废弃物对另外一个行业而言是一种资源。畜禽养殖粪污的属性就是这样的，对养殖业而言，其是一种废弃物，但是对于肥料、能源等行业而言，其是生产资料，是有使用价值的。资源经济学理论是畜禽养殖粪污资源化得以实施的重要理论依据，单纯地依靠政府投入来解决问题是不现实的，需要集合社会的力量、资本的力量，使其成为一种产业，推动相关技术的发展，实现整个产业的进步。

第三节　畜禽粪污资源化利用原则

畜禽粪污的处理主要采用生物法、物理法或化学法等工艺对畜禽粪污进行资源化利用。常见的综合利用方式是作能源、饲料或肥料。能源化利用主要是做燃料，一种是将干燥后的畜禽粪污直接燃烧用来取暖和发电；另一种是将畜禽粪污厌氧发酵，生产出沼气，为生活生产提供能源。以沼气工程为核心的生态农业已被广泛推广应用。在意大利，养殖场如果没有与其饲养规模相配套的土地消纳粪污，就必须采用氮素消除技术处理粪污。畜禽粪污的饲料化利用主要是鸡粪的饲料化，国外鸡粪饲料已商品化。在传统农业中，畜禽粪污作为肥料被广泛应用于农业生产中，但畜禽粪污不适合直接用作肥料，在还田前需要进一步加工处理，才不会对环境和农作物造成危害。肥料化利用常见的方法有堆肥法、复合法和干燥法等。

一、政策原则

2017 年，《农业部关于印发〈畜禽粪污资源化利用行动方案（2017—2020 年）〉的通知》中指出，要全面贯彻党的十八大和十八届三中、四中、五中、六中全会精神，深入贯彻习近平总书记系列重要讲话精神和治国理政新理念、新思想、新战略，认真落实党中央、国务院决策部署，统筹推进“五位一体”总体布局和协调推进“四个全面”战略布局，牢固树立和贯彻落实

“创新、协调、绿色、开放、共享”的发展理念，坚持保供给与保环境并重，坚持政府支持、企业主体、市场化运作的方针，并从政策层面提出了畜禽粪污资源化利用的基本原则。

1. 坚持统筹兼顾

准确把握我国农业农村经济发展的阶段性特点，根据资源环境承载能力和产业发展基础，统筹考虑畜牧业生产发展、粪污资源化利用和农牧民增收等重要任务，把握好工作的节奏和力度，积极作为、协同推进，促进畜牧业生产与环境保护和谐发展。

2. 坚持整县推进

以畜牧大县为重点，加大政策扶持力度，积极探索整县推进模式，严格落实地方政府属地管理责任和规模养殖场主体责任，统筹县域内种养业布局，制定种养循环发展规划，培育第三方处理企业和社会化服务组织，全面推进区域内畜禽粪污治理。

3. 坚持重点突破

以畜禽规模养殖场为重点，突出生猪、奶牛、肉牛三大畜种，指导老场改造升级，对新场严格规范管理，鼓励养殖密集区对粪污进行集中处理，推进种养结合、农牧循环发展。

4. 坚持分类指导

根据不同区域资源环境的特点，结合不同规模、不同畜种养殖场的粪污产生情况，因地制宜地推广经济适用的粪污资源化利用模式，做到可持续运行。根据粪污消纳用地的作物和土壤特性，推广便捷高效的有机肥利用技术和装备，做到粪污科学还田利用。

二、技术原则

从客观角度来说，畜禽养殖粪污是畜禽养殖业尤其是规模化养殖场的必然产物，畜禽养殖粪污的资源化利用在技术上需要满足《畜禽粪便还田技术规范》（GB/T 25246—2010）、《沼肥施用技术规范》（NY/T 2065—2011）的相关要求，同时遵循以下 4 个技术原则。

1. 减量化原则

“减量化原则”针对的是输入端，旨在减少进入粪污环节的粪便和污水。通过减少每个产品的原料使用量和重新设计制造工艺来节约资源和减少排放。在畜禽生产过程中，通过源头分流，将粪污减少到最低量，有效减少畜禽废弃物的产生，实现养殖清洁生产中提出的粪污减量化生产。实际操作中，例如，改进移舍饮水系统、改一般冲舍为高压水枪冲舍、改进奶牛场喷淋系统、实行奶厅污水分类收集、采用鸡舍传送带清粪工艺等，均属于从场区源头减少粪污总量。又如，提升畜禽对饲料的消化率、添加微生物菌剂增强畜禽消化能力等，均属于饲喂角度的减量化措施。

2. 无害化原则

无害化处理是指通过配备并运行好氧发酵或厌氧发酵等无害化处理设备，以降低畜禽养殖废弃物的环境污染风险；通过无害化处理技术可以有效控制养殖废弃物的排放量和有害物质残留，使其不会对自然生态系统造成太大的危害。畜禽养殖粪污是畜禽的排泄物，臭气的问题难以回避，有的粪污还会携带病原菌和有害微生物。同时畜禽养殖粪污在长期堆放后会厌氧自发酵，产生甲烷、硫化氢、氨气等危险气体，甲烷在积累到一定程度时遇明火易发生爆炸。对于畜禽养殖污水，可在固液分离后选择厌氧发酵（化粪池）或好氧发酵处理（沼气）实现无害化；对于畜禽养殖粪便，有土壤直接处理法、堆肥处理法（自然堆肥、好氧性高温堆肥、大棚式堆肥发酵法）、生物发酵法（发酵池发酵、沼气发酵）和干燥处理法等无害化处理技术。一般而言，高温发酵、沼气发酵比其他简易方式更趋近于无害化。此外，重金属、抗生素及化学添加剂残留的减少是衡量无害化程度的重要指标。在运输和贮存的过程中，粪污的跑、冒、滴、漏同样会对环境造成严重影响。无害化要求畜禽养殖粪污的收集和运输环节尽量选择封闭环境，贮存和处理环节重视设备、设施的稳定性维护，维修设备、设施时重视人员安全，并提出预防方案。对于第三方畜禽养殖粪污资源化利用中心或有机肥厂，还需要考虑来往于多个养殖场的疫病防控问题。

3. 资源化原则

资源化原则是针对输出端的方法，将畜禽养殖粪污直接作为原料进行利用或对畜禽养殖粪污进行再生利用，可分为原级资源化和次级资源化两种。原级资源化即将消费者遗弃的废弃物资源化后形成与原来相同的新产品；次级资源化即废弃物变成与原来不同类型的新产品。资源化的重点是从根本上改变人们认为畜禽养殖粪污是污染的观念，从资源、燃料、肥料、昆虫饲料、菌类基质的角度看待畜禽养殖粪污。特别是在早期治理畜禽养殖粪污时，很多养殖场选择了达标排放模式。畜禽粪污含有植物生长必备的碳、氮、氧等化学元素，具有增强植物呼吸、促进根系生长、改善土壤有机质的作用，一度成为种植业的重要肥料来源，时至今日，肥料化依然是养殖废弃物资源化利用的主要途径，除此之外，以沼气方式的能源化、加工成饲料反哺养殖业的饲料化、加工成农作物营养基质的基质化等新型资源化利用技术也在不断推进中。

4. 因地制宜原则

畜禽养殖业必须与生态环境有机结合起来，实现与生态环境和谐发展。将畜禽养殖纳入整个农业的生产体系之中，畜禽污染的防治要充分考虑周围土壤环境的承载力，要根据土地面积规定畜禽养殖场的建设规模，让畜牧业与种植业紧密结合起来，用畜禽粪便肥养土地，做到以牧养农，以农促牧，实现种养区域平衡、生态平衡。畜禽养殖粪污资源化利用的模式与技术经过不断实践和总结，已经形成了相对完善的模板，但在具体操作过程中，各养殖场还要根据自己的实际情况，在合适的环节选择合适的技术，不能生搬硬套，要形成适合自己的、科学的技术和模式。

第四节　畜禽粪污资源化利用技术

近年来，随着我国农业现代化的发展和人民生活水平的不断提高，畜禽养殖集约化与规模化得到快速发展，养殖场对周围环境的污染也越来越严重，粪污的处理已经成为畜牧业发展亟待解决的问题。畜禽粪污既是养殖业主要的污染源，同时也是宝贵的资源。目前，随着我国畜禽养殖业的持续发展和规模化程度的不断提高，全社会对畜禽养殖污染防治的关注度也日益提高，

我国畜牧业粪污资源化利用工作也取得了阶段性的成效。

一、肥料化利用技术

畜禽养殖废弃物具有资源属性，可用于生产有机肥。将其适时适量地还田利用，在提升土壤有机质含量、保障农田可持续生产能力的同时，也可以改善农产品质量。畜禽粪便农田肥料化利用是解决畜禽养殖废弃物污染的重要手段，既可以解决废弃物的出路问题，又可以产生改良和培肥土壤的效果。但是，养殖场畜禽粪污直接作为肥料销售往往因运输成本太高和操作不便而很难形成市场。在对畜禽粪污无害化和稳定化处理的基础上，将其加工成商品有机肥或生物有机肥进行销售，具有稳定的产品市场，这是符合我国国情的资源化利用途径。

1. 固体粪便肥料化利用技术

该技术适用于只有固体粪便、无污水产生的规模化鸡场或羊场，固体粪污经好氧堆肥无害化处理后，就地农田利用或生产有机肥。该模式好氧发酵温度高，粪便无害化处理较彻底，其中的微原微生物、寄生虫及虫卵等可以被彻底杀灭，并且处理周期较短、发酵周期短。主要不足是堆肥过程易产生大量的臭气，对空气产生污染。粪污堆肥产生的肥料所含营养物质较丰富，且肥效长而稳定。同时有利于促进土壤固粒结构的形成，能提高土壤保水、保温、透气、保肥的能力，且与化肥混合使用可弥补化肥所含养分单一的缺陷。

堆肥是在有氧条件下，利用好氧菌对废物进行吸收、氧化、分解。这种转化可归纳为两个过程：一个过程是把复杂的有机质分解为简单的物质，最后生成一氧化碳、水和矿质养分等；另一个过程是有机质经分解再合成，生成更复杂的特殊有机质——腐殖质。两个过程同时进行，在不同条件下，各自进行的程度有明显差别。

堆肥过程是利用自然界广泛存在的微生物，有控制地促进固体废物中的降解有机物转化为稳定的腐殖质的生物化学过程。因而所有影响微生物生长的因素都将对堆肥过程和最终产品的质量产生影响，主要影响因素为温度、水分、pH、碳氮比、供氧量及微生物种群搭配等。

2. 污水肥料化还田利用技术

畜禽养殖场产生的污水经厌氧发酵或氧化塘处理储存后，在农田需肥和灌溉期间，将无害化处理的污水与灌溉用水按照一定的比例混合，进行水肥一体化施用，固体粪便进行堆肥发酵就近肥料化利用或委托他人进行集中处理。该模式中污水进行厌氧发酵或氧化塘无害化处理后，为农田提供有机肥水资源，解决污水处理压力。主要不足是要有一定容积的贮存设施，周边配套一定面积的农田；需要配套建设粪水输送管网或购置粪水运输车辆。

规模化畜禽养殖场产生的尿液、冲洗水及生产过程中产生的水经过一定的处理工艺进行厌氧发酵后含有大量的有机质和养分。厌氧污水中的氮、磷养分能够代替化学肥料补充土壤中的养分，且在一定程度上可提高作物的养分利用率。同时，厌氧污水含有大量有机质，进入土壤后，污水中的活性物质能活化土壤吸附的磷，使土壤中被固定的磷具有明显的肥效。另外，污水施用可增加土壤孔隙度、土壤有机碳含量。污水还田技术在为作物提供水肥的同时，促进了养殖废弃物的循环利用，实现粮食生产和环境保护的双赢。

3. 微生物发酵床技术

微生物发酵床技术是一种利用微生物进行发酵的无污染、零排放的有机农业技术。根据微生态理论和微生物发酵理论，可用由锯末、稻壳、秸秆等原料组成的基质垫料作为载体喷洒一定数量的微生物菌种，如乳酸菌、酵母菌、芽孢杆菌、放线菌等。家畜将粪污直接排于发酵床上，工作人员定期对发酵床进行翻抛，根据垫料消耗情况进行及时补充、更新垫料。当垫料发酵腐熟到一定时间后，对垫料进行清理，并运送至有机肥厂作为生产有机肥的原料，生产加工成有机肥。饲养过程不产生污水，处理成本低。主要不足是大面积推广垫料收购难；粪便和尿液混合含水量高，发酵分解时间长，寒冷地区使用受限；高架发酵床猪舍建设成本较高。

微生物在发酵过程中产生的热量，可以保持垫料和养殖区域的温度，杀死垫料中不利于畜禽生长的多数病原微生物和霉菌，微生物代谢产生的细菌素、溶菌酶、过氧化氢等，可以抑制许多细菌和病原菌的生长，猪只不断拱食垫料，有益菌进入肠道内代谢产生多种消化酶、氨基酸、维生素等，可增强机体免疫功能，促使畜禽生长发育。

此模式利用有氧菌发酵、消化有机物原理，使畜禽粪、尿等排泄物在栏内有氧条件下被微生物分解，完全零排放，可达到粪污不外排（垫料可利用）、养殖场基本没有臭味，有效解决养猪对环境的污染，并且具有省工省力的优势，垫料经几年使用后成为有机肥料，不仅能改良土壤，而且能促进农作物生长，具有较高的经济价值。

二、能源化利用技术

沼气发酵又称为厌氧消化、厌氧发酵，是指有机物质（如人畜家禽粪便秸秆、杂草等）在一定的水分、温度和厌氧条件下，通过各类微生物的分解代谢，最终形成甲烷和二氧化碳等可燃性混合气体（沼气）的复杂的生物化学过程。这种处理方式主要以专业生产可再生能源为主要目的，依托专门的畜禽粪污处理企业，收集周边养殖场粪便和污水，投资建设大型沼气工程，进行高浓度厌氧发酵，沼气发电上网或提纯生物天然气，沼渣生产有机肥农田利用，沼液农田利用或深度处理达标排放。对养殖场的粪便和污水进行集中统一处理，减少小规模养殖场粪污处理设施的投资；专业化运行，能源化利用效率高。主要不足是一次性投资高；能源产品利用难度大；沼液产生量大集中，处理成本较高，需要配套后续处理利用工艺。

1. 沼气利用技术

沼气工程技术是以厌氧发酵为核心的畜禽粪污处理方式。20 世纪 70 年代末，国外开始研发沼气处理技术，主要用于城市生活污水和畜禽养殖场粪污处理。目前，欧洲、美国、加拿大等地区和国家均建有大规模的沼气工程设施，生产的沼气主要用于发电。我国于 20 世纪 70 年代建设了一批沼气发酵的研究项目和示范工程。20 世纪 80 年代，农村户沼气开始逐渐在全国部分省市进行示范与推广。20 世纪 90 年代中后期，大中型沼气工程在规模化养殖业快速发展的东部地区及大城市郊区得到应用，为减少规模养殖废弃物的环境污染、改善城乡卫生环境发挥了积极的作用。养殖场废弃物中的虫卵及病原微生物经过中高温厌氧发酵后基本被杀灭，可有效减少疾病的传播。发酵后的沼气经过脱硫处理后，是优质的清洁燃料，可减少温室气体的排放量，并使废弃物得以再生利用，实现清洁生产和畜禽废弃物的零排放，并取得显著的环境效益。

养殖场沼气工程技术包括预处理、厌氧发酵、后处理3个部分。预处理的作用主要是通过固液分离、沉砂等去除污水中的猪毛、塑料等杂质；厌氧发酵则是对预处理后的污水进行发酵处理，对养殖污水中的有机污染物进行生物降解；后处理主要是对发酵后的剩余物进行进一步处理与利用。粪便通过集中处理后主要产生沼气、沼渣和沼液。沼气的用途非常广泛，它可用于发电、生产天然气、烧锅炉、照明、火焰消毒及日常生活用气。沼渣和沼液主要用来生产有机肥。

沼气工程技术也存在一些缺点，主要包括以下六点：①沼气发酵受温度影响大；②夏季温度高，产气率高；③冬季温度低，产气慢且效率低，在北方寒冷的地方，冬季粪污处理效果差；④大中型规模养殖场由于污水量大，需要建设的沼气工程设施的投资大、运行成本高；⑤沼渣和沼液如不进行适当处理或利用，将导致二次污染；⑥厌氧发酵池对建筑材料、建设工艺、施工技术等要求较高，任何环节稍有不慎，就容易造成漏气或不产气，从而影响沼气工程设施的正常运行。

2. 沼液利用技术

沼液含有丰富的养分，特别是含有多种水溶性养分，是一种具有速效性的优质肥料。因为沼液中的一部分养分和有机质已转变为腐殖酸类物质，所以它又是一种速效和迟效兼备的优质有机肥料。目前已经确认沼气发酵残留物中除含有大量氮、磷、钾等常量元素外，还含有钙、铜、铁、锌、锰等微量元素，水解酶、氨基酸、有机酸、腐殖酸、生长素、赤霉素、B族维生素、细胞分裂素及某些抗生素等生物活性物质。这些活性物质的产生与沼气发酵的三大类微生物——发酵细菌、产氢产乙酸菌、甲烷菌的代谢活动密切相关。沼液含有较为全面的养分和丰富的有机质，其中一部分已被转化成腐殖酸类物质，是一种速缓兼备又具有改良土壤功能的优质肥料。

一般的农家肥都带有大量的病原体和寄生虫卵，常常腐熟不充分便施入土壤中，易对农作物造成感染而发生病虫害，而沼液因其独特的成分和性能，使其具有生物肥料和生物农药的功能，能够代替部分化肥、农药，在农业中广泛应用。

1）沼液浸种。沼液中含有多种活性、抗性、营养性物质，利用沼液浸种能提高种子的发芽率与成秧率。沼液浸种可以明显增强秧苗抗寒抗病性能，起到促进作物增产的作用。

在具体操作中，还应注意以下6个事项：①用来浸种的沼液，一定要来自正常运转、使用两个月以上，并且正在产气的（以能点亮沼气灯为准）沼气池出料间内的沼液。②停止产气、废弃不用的沼气池中的沼液不能用来浸种。③出料间流进了生水、有毒污水等，或倒进了生人粪、牲畜粪便及其他废弃物的沼液不能利用。出料间表面起白色膜状物的沼液宜用于浸种。④要使用充分发酵的沼液，发酵充分的沼液为无恶臭气味、深褐色明亮的液体，pH为7～7.6。⑤浸种的时间要根据种子品种、温度和地区差别灵活掌握，一般情况下以种子吸足水分为好。⑥种子用沼液浸过后，要用清水淘净，再播种或催芽育苗。

2）沼液叶面喷施。沼液中的营养成分相对富集，是一种速效水肥，叶面喷洒沼液后，其所含的营养物质、厌氧微生物的代谢产物，尤其是其中的生物活性物质，还有大量水分可被作物叶面快速吸收，利用率高。一般喷施后24小时内，叶片可吸收喷施量的80%左右，从而能及时补充作物生长对养分的需求。叶面喷施沼液不仅可调节作物生长代谢，为作物提供营养，而且可抑制某些病虫害。

在具体操作中，还应注意以下3个事项：①用于叶面喷施的沼液应取自正常产气沼气池（沼气工程），经过滤或澄清后再使用。②根据作物的品种、生长阶段、环境条件和欲达目的确定，可以采用纯沼液、稀释沼液、沼液与某些药物的混合液进行喷洒。③沼液喷施用喷雾器喷施，喷施时重点喷在叶片背面，因为叶片正面角质层较厚，喷施后不宜被吸收利用，大部分沼液将会挥发或坠落，而叶片背面布满了微气孔，易于快速吸收沼液。

3）沼液防治植物病虫害。沼液是一种溶肥性质的液体，不仅含有较丰富的可溶性无机盐类，而且含有抑菌和提高植物抗逆性的激素、抗生素等有益物质，可用于防治植物病虫害和提高植物抗逆性。

4）沼液防治植物病害。①在西瓜膨大期，结合叶面喷施沼液，用沼渣进行追肥，不但枯萎病得到控制，而且能获得较高的产量，西瓜品质也会有所提高。②正常发酵产气沼气池中的沼液对小麦赤霉病有明显的防治效果，它的作用和生产中所用的多菌灵效果相当，使用沼液原液喷施，效果最佳，使用量通常是每亩喷 50 ～ 100 kg，在盛花期喷一次，隔 3 ～ 5 天再喷一次，防治率能够达到 80%。

5）沼液中含有动物所需要的较全面的氨基酸、蛋白质、矿物质、微量元素等，可作为动物的饲料添加剂。用沼液做饲料添加剂饲喂猪、鸡等，可增加体重，提高肉质（或产蛋量），提早上市期，提高饲料报酬率。值得注意的是，沼渣、沼液用于养殖，必须取自正常产气的沼气工程（沼气池），池内不得有有毒物质和农药。必须在保证生物链卫生安全的前提下，适量取用。

3. 沼渣利用技术

粪便通过厌氧发酵集中处理后产生的沼渣量较大，沼渣是畜禽粪便发酵后通过固液分离机分离出的固体物质，含有丰富的有机质、腐殖酸、氨基酸、氮、磷、钾和微量元素，以干物质计算，有机质含量一般在 95% 以上，其他成分根据发酵原料的不同而有所差别。沼渣主要用于生产有机肥，用作农作物基肥和追肥。用沼渣制作有机肥的工艺比较简单，一般有机肥只要对固液分离出的沼渣进行烘干或将沼渣置于阳光棚内晾干就可装袋。如果配制不同作物的专用肥，就需要根据不同作物的营养需要去添加相应的元素和载体。将沼渣与其配合施用，能促进化肥在土壤中的溶解、吸附，并刺激作物吸收，这样可减少氮素损失，提高化肥的利用率。因为沼渣中的纤维素、木质素可以松土，腐殖酸有利于土壤微生物的活动和土壤团粒结构的形成，所以沼渣具有良好的改良土壤的作用。沼渣常与切碎的麦秸秆按一定的比例混合用于配制花卉、苗木、中药材和蔬菜育苗的营养土。此外，沼渣可用于畜禽、鱼类和蚯蚓养殖中，提高产量和品质。

三、基质化利用技术

1. 牛床垫料

此模式主要适用于奶牛粪便。基于奶牛粪便纤维素含量高、质地松软的特点，将奶牛粪污固液分离后，固体粪便进行好氧发酵等无害化处理后回用

作为牛床垫料，污水贮存后作为肥料进行农田利用。牛粪作为牛床垫料，与其他常用垫料相比具有明显的优势：一是与稻壳、木屑、锯末、秸秆等垫料相比，牛粪不需要从市场购买；二是与橡胶垫料相比，其不仅成本低，且舒适性、安全性较好；三是与沙子相比，不会造成清粪设备、固液分离机械、泵和筛分器等严重磨损，在输送过程中不易堵塞管路，不会沉积于贮液池底部，不需要经常清理；四是与沙土相比，牛粪松软不结块，不容易导致奶牛膝盖、腿部受伤，且有利于后续的粪便处理。主要不足是作为垫料如无害化处理不彻底，可能存在一定的生物安全风险。

2. 蚯蚓养殖基质

蚯蚓通过自身的消化系统，将畜禽干粪转化为可被植物吸收利用、质地均匀、无臭、与泥土可较好相混合的有机质，且其自身有较高的经济价值，抗病力和繁殖力都很强，生长快，对饵料利用率高，适应性强，容易饲养，故在畜禽粪便处理中可以将畜禽干粪作为培养基饲养蚯蚓。牛粪是蚯蚓养殖的良好基质，蚯蚓养殖在传统堆肥基础上依靠奶牛粪便中的营养进行增效，对粪便进行去污除臭，从而达到节能减排的目标，是两种养殖相结合的资源高效循环利用处理模式。

蚯蚓养殖技术工艺简便，费用低廉，能获得优质有机肥和高蛋白饲料，且不产生二次废物，不形成二次环境污染。蚯蚓的生长与繁殖除与自身品种有关外，还受畜禽粪便种类、碳氮比（C/N）、温度、湿度、接种密度及 pH 等因素的影响。当各种因素都处于适宜的范围时，温度和接种密度是影响蚯蚓生长和繁殖及粪便处理效果的主要因素。

3. 食用菌栽培基质

食用菌的栽培基质主要为食用菌的生长提供水分和营养物质等。粪便中含有粗蛋白、粗脂肪、粗纤维及无氮浸出物等有机物和丰富的氮、磷、钾等微量元素，故可以使用畜禽干粪作为食用菌的栽培基质。这样既解决了畜禽养殖场内粪便处理的难题、减少了粪便对环境的污染，又为食用菌的生长提供了丰富的营养物质，使栽培出的食用菌品质更加优良，产量大幅提高，可提高养殖场和食用菌厂的整体经济效益。

使用粪便栽培食用菌的具体工艺为：首先将新鲜的粪便在强光下暴晒

3～5天，直至粪便表面的粗纤维物质凝结成块（通过固液分离后的固体物料也可用作食用菌的栽培基质）；其次在粪便中加入含碳量较高的稻草或秸秆以调节碳氮比，再添加适当的无机肥料、石膏等，使用捶捣等方式将其充分混合；最后将粪便混合物进行堆制发酵，直至含水率为60%～85%，其即可作为栽培基质栽培食用菌。

四、饲料化利用

养殖无菌蝇蛆：蝇蛆养殖就是充分利用各种养殖场畜禽粪便和生活垃圾，通过人工的方式来养无菌苍蝇，从而迅速获得高产量蛋白料。养殖蝇蛆可作为有些珍稀动物及鱼类的鲜活饲料，而且它的提取物还可用于食品、发酵和医药等行业。养殖蝇蛆既可作为畜禽和鱼类的鲜活饵料，用于喂养畜禽和鱼类的幼体阶段及喜食活饵料的动物，更可作为替代鱼粉的动物蛋白饲料。养殖蝇蛆是解决畜牧业蛋白饲料短缺、降低生产成本和提高经济效益的主要途径。

养殖蚯蚓：畜禽粪污富含蛋白质、糖类、微量元素等营养成分，是养殖蚯蚓的良好材料。针对国内部分规模化畜禽养殖场存在的粪污无害化处理不足、资源化利用不充分和高蛋白饲料成本高的突出矛盾，利用畜禽粪污发展蚯蚓养殖事业，创新畜禽粪污处理工艺流程和高蛋白饲料获取方式，不仅可解决规模化养殖场粪污处理工艺落后、臭气污染和氮磷流失严重的问题，而且对于国内高附加值蛋白饲料替代也有积极意义。

水产养殖：鸡粪、鸭粪、猪粪等畜禽粪便中含有较为丰富的干物质、粗蛋白、粗纤维和钙、磷等营养元素，是发展水产养殖的潜在饲料来源。特别是鸡、鸭等禽类由于消化道短，食物排空速度快，其粪便中营养物质含量尤为丰富。但是新鲜的畜禽粪便氨含量较高，有害微生物数量较多，且可能含有食畜饲喂过程中添加的抗生素等有害物质，若直接用于水产养殖可能造成不良影响。因此，需要在用于水产养殖前加以预处理。目前常用的处理方式有高温烘干、发酵、化学法等，以杀灭绝大多数有害微生物，降低有毒的氨含量，并使抗生素等物质得以降解，然后用于水产养殖。

五、其他利用技术

粪便干燥后，与秸秆、薪柴、粉碎的煤等按照一定比例掺混后，加入添加剂、固硫剂等。利用木质素、纤维素、半纤维素的黏结作用，经过成型机压制形成固体燃料棒。这种产品燃烧时火苗高，无气味，完全燃烧后的灰烬细腻，大气污染物排放量少，可代替煤作为取暖炉的惯用材料，是一种新型的农村生物质燃料。其每年可节约近千吨燃煤，同时解决了粪便污染难题。

粪便压块成碳棒的制作工艺流程为：粪便经固液分离后的固体进行堆肥发酵，除去部分水，然后在晾晒车间晾晒风干后，与秸秆、薪柴、粉碎的煤等按照一定比例掺混，再加入添加剂、固硫剂等，经机械搅拌混合均匀后，进入粪便压制成型车间，制成条形燃料棒，作为冬季燃料使用。

利用牛粪制作蜂窝煤可解决养牛集中区域的粪便污染问题，同时可提供丰富的蜂窝煤燃料。研究表明，将牛粪与原煤粉按 3 ∶ 1 的比例加入 3% 的助燃剂、10% 的煤料添加剂和适量的黏土，加入一定量的水混合搅拌，制成蜂窝煤，不仅可以缓解牛场粪便污染问题，而且燃料在使用过程中，安全、卫生、无尘、污染小；与传统燃料原煤相比，其含硫量较低；掺有牛粪的蜂窝煤燃烧时间长，热值高，价格低，使用方便。

参考文献

[1] 第二次全国污染源普查资料编纂委员会 . 污染源普查产排污系数手册 [M]. 北京 : 中国环境科学出版社 , 2017.

[2] 董红敏 , 朱志平 , 黄宏坤 , 等 . 畜禽养殖业产污系数和排污系数计算方法 [J]. 农业工程学报 , 2011, 27(1): 303-308.

[3] 贾伟 , 朱志平 , 陈永杏 , 等 . 典型种养结合奶牛场粪便养分管理模式 [J]. 农业工程学报 , 2017, 33(12): 209-217.

[4] 鞠昌华 , 芮菡艺 , 朱琳 , 等 . 我国畜禽养殖污染分区治理研究 [J]. 中国农业资源与区划 , 2016, 37(12): 62-69.

[5] 李宁 . 畜禽粪污处理模式国内外研究综述 [J]. 现代畜牧兽医 , 2018(5):50-54.

[6] 刘桦 . 畜禽养殖废弃物处理及资源化利用模式创新 [J]. 畜牧业环境 , 2020 (9): 11.

[7] 刘沙沙 , 李兵 , 韩亚 . 国外几种典型畜禽养殖废弃物处理模式浅析 [J]. 农业技

术与装备, 2018(2): 90-92.

[8] 武淑霞, 刘宏斌, 黄宏坤, 等. 我国畜禽养殖粪污产生量及其资源化分析 [J]. 中国工程科学, 2018, 20(5): 103-111.

[9] 席帮超. 如何实现循环利用畜禽养殖废弃物 [J]. 新农业, 2023(13): 52-53.

[10] 徐瑾. 国外畜禽养殖污染治理的立法经验及启示 [J]. 世界农业, 2018(6): 18-23, 70.

[11] 战汪涛, 杨景晁, 姚永瑞. 山东省畜禽粪污资源化利用现状及成效、存在问题及发展对策 [J]. 中国猪业, 2020, 15(1): 87-89.

第三章

畜禽粪污厌氧发酵技术

第一节　厌氧发酵限制性因素及应对措施

厌氧发酵是一种兼具经济和环保效益的废弃物资源化利用方式。厌氧发酵全程在密闭容器中进行，不存在“异味气体散发”“发酵液渗出”等环境问题，对周围生态的影响较小；转化效率高，消化过程中有机物 COD、BOD_5 等指标可显著降低；沼气、沼渣、沼液等消化产物均有良好的经济价值，符合农业废弃物能源化、基质化、肥料化的利用方向。发展沼气产业，利用厌氧发酵的方法处理畜禽粪污、秸秆等农业废弃物也是近年来国家支持的重要环保举措。然而，由于厌氧发酵的多阶段性和沼气微生物菌群的复杂性，相较于堆肥、基质加工等废弃物处理方式，厌氧发酵系统往往较为“脆弱”，对原料、接种物、过程控制等的要求更为严格，常由于“酸抑制”“氨抑制”等原因而导致发酵失败。

以畜禽粪污、果蔬废弃物、餐厨垃圾等进行厌氧发酵时，原料中丰富的糖类、蛋白质、脂肪等营养物质极易被微生物快速分解而在短时间内产生大量丙酸、乙酸等挥发性脂肪酸（Volatile Fatty Acids，VFAs），若 VFAs 浓度超过产甲烷古菌等微生物的耐受极限，则会出现“酸抑制”现象，导致厌氧发酵停滞或崩溃，这种现象在反应器有机负荷率（Organic Load Rate，OLR）较高时尤其显著。如何预防和消除“酸抑制”，是保障厌氧发酵正常进行的关键因素之一。目前用于解决“酸抑制”的方法主要有混合厌氧发酵、更换耐酸型接种物、两相厌氧发酵、消化过程中补加碱性物质和微量元素等，但也存在工艺复杂、设备局限性大、成本较高等问题亟须解决。

沸石是一种天然或人造的多孔性硅铝酸盐材料，其表面积大、离子交换能力强、具有很强的吸附能力，可作为微生物生长、繁殖的附着载体，提高发酵体系的抗冲击能力。本节探讨了沸石对农牧业废弃物厌氧发酵产气性能和 pH、VFAs 等关键发酵因子的影响，特别是对“酸抑制”现象的缓解作用，并与常规的碱化学调控手段相比较，寻找中温厌氧发酵“酸抑制”的优化解决办法。

一、材料与方法

1. 试验材料

畜禽粪污接种物为山东省某养猪场猪粪沼气装置取出的沼渣、沼液的混合物；尾菜发酵原料取自山东省临沂市某设施菜田，是以芹菜、白菜和莴苣叶为主的蔬菜种植废弃物，将其粉碎至 1 ～ 2 cm 后混合均匀并于 4 ℃冷藏备用；沸石为市售天然沸石，呈灰白色，粉碎至粒径约小于 400 μm（过 40 目筛），蒸馏水冲洗后干燥备用；NaOH 等均为市售分析纯产品。

总固体（Total Solid，TS）、挥发性固体（Volatile Solid，VS）、总碳（Total Carbon，TC）、全氮（Total Nitrogen，TN）、碳氮比（C/N）、可溶性碳水化合物（Water Soluble Carbohydrate，WSC）、粗蛋白（Crude Protein，CP）、粗脂肪（Ether Extract；Crude Fat，EE）、粗纤维（Crude Fiber，CF）等厌氧发酵物料的基本特性如表 3-1 所示。

表 3-1　厌氧发酵物料的基本特性

物料	TS	VS*	TC/（g/kg）	TN/（g/kg）	C/N	WSC	CP	EE	CF
尾菜	6.76%	87.65%	374.80	24.18	15.50	4.53%	12.41%	3.25%	10.78%
接种物	4.50%	36.10%	301.08	27.22	11.06	—	—	—	—

注：* 以干物质质量计。

2. 试验装置

厌氧发酵试验装置主要由发酵瓶、集气袋、连接管及恒温培养箱组成，

发酵瓶为容积 2.5 L 的具塞玻璃瓶，橡胶塞上打孔并以玻璃管、乳胶连接管与集气袋相连接，物料全部装填完毕后，整体放入培养箱中培养。

3. 试验设计

本研究为批式中温厌氧发酵试验，在 35 ℃下进行，试验周期为 30 天；各组厌氧发酵混合物 TS 统一设定为 4%（以尾菜计），接种物比例为 20%，以无菌水补足至 2000 mL 并统一调节初始 pH 至 7。试验共设 4 个处理组，分别为无调节对照组（CK）、NaOH 调节组（T1）、初始添加沸石组（T2）和过程添加沸石组（T3），每个处理组设 3 个平行处理，试验设置如表 3-2 所示。其中 CK 组厌氧发酵全程不进行任何干预；T1 组在消化液 pH 初次降至 6.5 时（本试验中为发酵开始的第 3 天），以 1 mol/L NaOH 溶液将 pH 调节至 7.5；T2 组在厌氧发酵开始前添加 5.0% 的沸石（w/w）；T3 组在消化液 pH 初次降至 6.5 时（发酵开始的第 3 天），添加 5.0% 的沸石（w/w）。

各处理组物料混合完毕后一次性装入发酵瓶，以高纯 N_2 向发酵瓶顶部空间吹入 2 min；发酵瓶连同集气袋放入培养箱中孵育，每天震荡发酵瓶 2 次；试验周期内每天定时更换集气袋测定气体成分，每 3 天在密封状态下以针管抽取发酵液测定 pH、VFAs 等（试验开始的前 6 天，每天检测 pH）。

表 3-2　试验设置

编号	处理组	尾菜 /g	接种物 /g	无菌水 /g	沸石 /g	NaOH 调节
T1	NaOH 调节组	1183	400	417	—	+
T2	初始添加沸石组	1183	400	417	100	—
T3	过程添加沸石组	1183	400	417	100	—
CK	无调节对照组	1183	400	417	—	—

4. 测定指标与方法

沼气产量使用湿式气体流量计（TG1，Ritter，德国）测量；沼气中甲烷含量使用普析气相色谱仪（GC1100，普析，北京）测定：使用 TDX-01 色谱柱（3 m×3 mm，岛津，日本）、热导检测器，以高纯 H_2 为载气，进样口、检测器温度分别设置为 110 ℃、150 ℃，柱箱初始温度设为 40 ℃保持 2 min，以 10 ℃ /min 程序升温至 80 ℃并保持 1 min；发酵液的 pH 使用 pH 计测定（PH-3C，雷磁，上海）；TN、CP 使用凯氏定氮仪（Kjel master K-375，BUCHI，瑞士）测定；挥发性脂肪酸（VFAs）含量指乙酸、丙酸、丁酸和戊酸含量之和，4 种有机酸均采用岛津气相色谱仪（GC2014，岛津，日本）测定：使用 DB-WAX 色谱柱（30 m × 0.32 mm，安捷伦，美国），氢火焰检测器，进样口设定为 250 ℃，检测器设定为 300 ℃，以高纯 N_2 为载气，色谱箱初始温度设为 110 ℃并保持 1 min，以 10 ℃ /min 程序升温至 250 ℃并保持 5 min；TC 使用总有机碳 / 有机氮分析仪（vario TOC，Elementar，德国）测定；TS、VS 采用烘干失重法测定；WSC、EE 和 CF 分别采用硫酸 - 蒽酮比色法、乙醚索氏抽提法和范氏洗涤纤维法测定。

二、结果与分析

1. 沸石对厌氧发酵产沼气性能的影响

由图 3-1 可知，各处理组的沼气产生均呈现“迅速升高后波段降低”的变化特征，此期间可出现多个产气高峰，这与发酵原料——尾菜中的糖类、蛋白质、纤维素等不同成分的微生物降解难易程度相关，同时反映了产甲烷古菌对乙酸、H_2 等沼气发酵中间产物的利用效率不一致。20% 接种比的中温发酵条件下，不采取任何酸碱调节措施的 CK 对照组虽然可维持一定的产气率，但是与发酵过程中以 NaOH 调节 pH 的 T1 处理组、发酵初始添加沸石的 T2 处理组及发酵过程中添加沸石的 T3 处理组相比，其最高沼气日产量仅为 3.63 L/天（第 6 天），显著低于其他各组；同时产气高峰数量也少于其他各组，反映了发酵体系酸化对产沼气效率的不良影响。本试验中，观测到的各组最高沼气日产量为 T1 组在发酵开始第 6 天所达到的 5.15 L/ 天，高于 T2 和 T3 处理组分别在第 7 天达到的 5.05 L/ 天和 4.18 L/ 天，说明当 pH 迅速降低时，以 NaOH 直接进行调节可在短时间内迅速促进沼气的产生；而 T2 组又显著高于 T3 组，可见发酵初始添加沸石相对于 pH 降低后再添加沸石，更有利于酸胁迫的缓解。

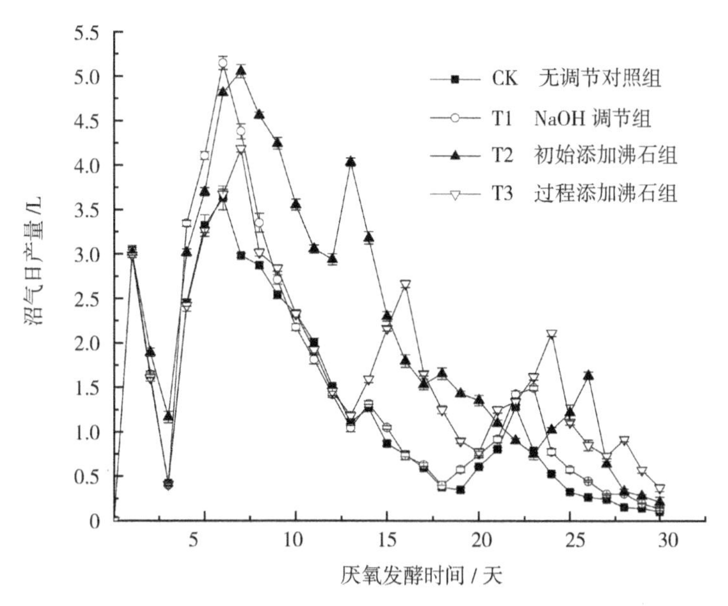

图 3-1 厌氧发酵过程中沼气日产量变化

试验周期内各处理组的厌氧发酵沼气累积产量情况如图 3-2 所示，CK 及 T1、T2、T3 各组沼气累积产量分别为 39.28 L、46.57 L、66.36 L、53.13 L。相对于对照组，采取不同酸化调控措施的 T1、T2 和 T3 处理组沼气累积产量分别提升 18.56%、68.94% 和 35.26%。以 NaOH 对发酵 pH 值进行一次性调节，虽然能够短时间内迅速提高产沼气量，但随时间延续产气衰减较快，并不能从根本上改变发酵酸化对沼气微生物群落的不利影响，同时有研究指出为调节 pH 而引入的大量 Na^+ 也不利于 CH_4 产生；沸石疏松多孔的结构可为微生物提供优良的附着基底，在发酵开始时即添加沸石可以促进微生物与沸石的有效结合，提高微生物对不良环境的抗逆性，进而提高发酵产沼气性能。而在环境已经酸化的情况下再使用沸石，已经受到“损伤”的沼气微生物群落恢复较慢，因而 T3 处理组的沼气累积产量显著低于 T2 处理组。但随着沸石加入后微生物群落的逐渐稳定，酸胁迫的影响逐渐减弱，由图 3-1 可知，发酵后期（15 天之后）T3 处理组的沼气产量反而较高。

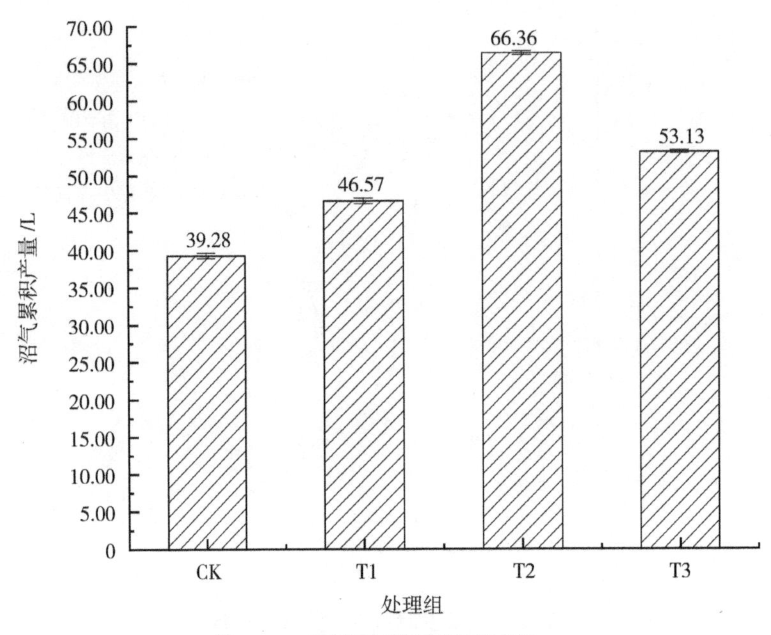

图 3-2　厌氧发酵沼气累积产量

2. 沸石对厌氧发酵产甲烷特性的影响

沼气中 CH_4 浓度的高低是评价厌氧发酵“质量”的重要指标，同时反映了发酵体系的“健康”程度。高 CH_4 浓度的沼气不但有利于后续燃烧、提纯、发电等工艺，而且节省气体存储空间，是厌氧发酵追求的重要目标。本研究中，不同处理条件对沼气中 CH_4 浓度动态变化的影响如图 3-3 所示，各处理组厌氧发酵所产沼气中 CH_4 浓度在 30 天试验周期内均呈快速升高后逐渐降低的变化趋势。其中 CK 对照组发酵过程中 CH_4 浓度最高仅能达到 33.66%，且多数时间段内低于 20%，所产沼气利用价值较低；而对体系酸化分别采取不同调节措施的 T1、T2 和 T3 处理组最高 CH_4 浓度分别可达 64.88%、66.62% 和 65.14%，且除发酵开始和结束阶段外，CH_4 浓度均高于 40%。值得注意的是，发酵起始阶段虽然各处理组产气量很高，迅速达到第一个“产气高峰”，但 CH_4 浓度却非常低，此时气体应主要为蔬菜细胞呼吸作用、微生物有氧呼吸等过程中产生的 CO_2、水蒸气等。

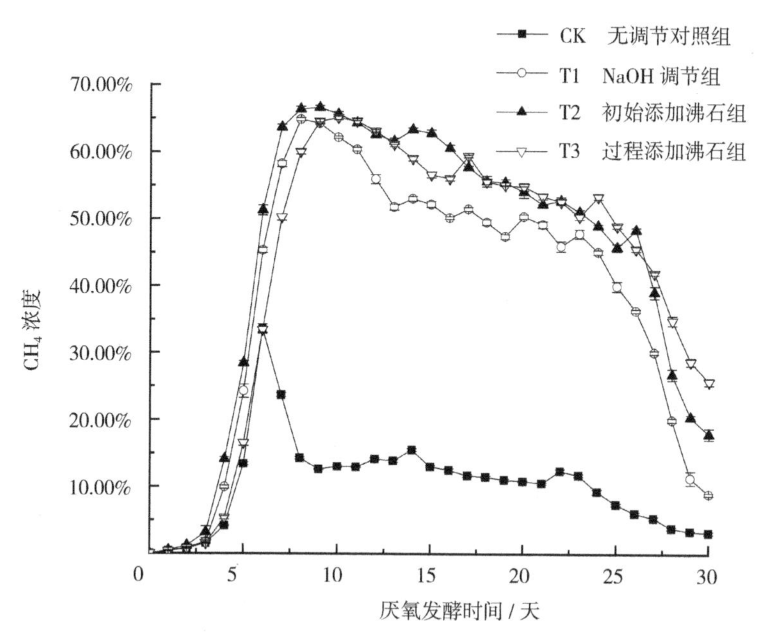

图 3-3 不同处理条件对沼气中 CH_4 浓度动态变化的影响

如图 3-4 所示，30 天发酵周期内 CH_4 日产量变化情况与沼气日产量变化趋势（图 3-1）接近，不同的是各处理组 CH_4 产量在试验开始的前 3 天均较低（< 0.1 L/ 天），进一步说明了此时尚处于产 CH_4 的“延滞期”；最高 CH_4 日产量反映了不同处理条件下微生物群落的最高 CH_4 产生效率，T1、T2 和 T3 处理组最高 CH_4 日产量分别比 CK 对照组高 109.02%、163.93% 和 72.13%，可见本研究所采取的不同酸化调控措施均能大幅提高 CH_4 产生效率，而又以发酵初始添加沸石的效果最佳；试验周期内 CH_4 总产生量反映了系统在不同处理条件下的 CH_4 产生潜力，本研究中，CK 对照组 CH_4 累积产量为 5.24 L，而 T1、T2 和 T3 处理组 CH_4 累积产量则分别为 19.48 L、33.32 L 和 23.46 L，分别提升 271.76%、535.88% 和 347.71%，进一步说明添加沸石有助于厌氧发酵系统克服酸化的不利影响，并可提高 CH_4 的产生量。

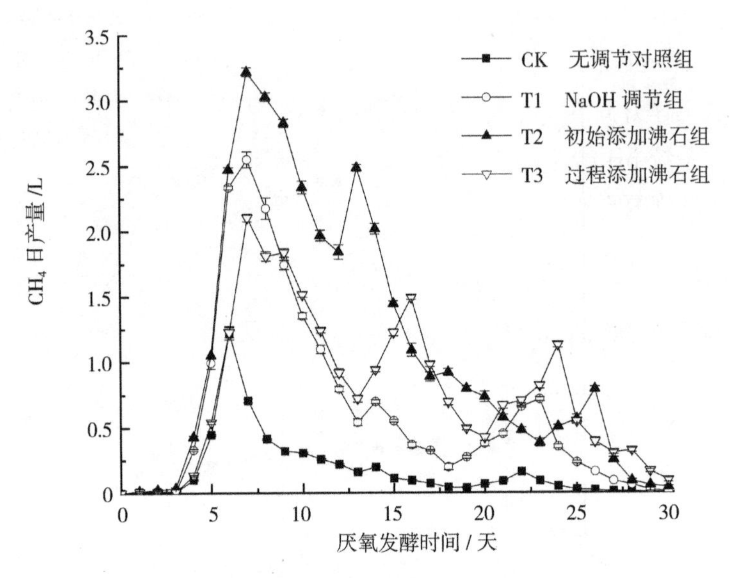

图 3-4 厌氧发酵过程中甲烷日产量变化

3. 沸石对发酵过程 pH 变化的影响

厌氧沼气发酵是由具有不同功能定位的微生物群体协同进行的复杂过程，梭菌、产甲烷古菌等重要功能微生物均需要在接近中性的环境中完成大分子降解、VFAs 转化、产 CH_4 等重要生理生化进程。然而由于发酵初期可溶性糖等大分子物质迅速分解、产甲烷古菌代谢效率偏低等因素，导致 VFAs 的生成和转化速率可能存在较大差距，从而使乙酸、丙酸等在环境中大量累积又不能及时转化，pH 迅速降低而出现“酸化”现象。有研究指出，产甲烷古菌生长的最适 pH 为 6.5 ～ 8.2，当 pH 低于 5.0 时，其活性将被完全抑制。

如图 3-5 所示，不采取任何酸碱调控措施时，发酵液 pH 在发酵开始后迅速下降，第 3 天时即低于 6.5，第 6 天时达到最低点 5.31，其后随着 VFAs 的逐渐消耗和氨氮等碱性物质的产生，pH 虽然有所回升，但是始终低于 6.5，说明此条件下发酵系统虽然仍可维持一定的产 CH_4 能力，但是显然远离最佳运行状态；而当 pH 低于 6.5 时，以 NaOH 溶液迅速调节至 7.5，虽然可以暂时阻止系统酸化，但是随着发酵的持续进行，系统 pH 仍持续下降并在第 15 天后低于 6.5，说明单次 NaOH 酸碱调节不足以阻止发酵系统酸化的趋势；当

pH 低于 6.5 时再加入沸石，发酵液 pH 仍会继续下降至 5.51，其后再逐渐回升并在发酵后期稳定于 7 以上，相对 NaOH 酸碱调节，发酵过程中沸石的加入虽不能迅速升高 pH，但效果却更持续、更温和；在发酵初始即加入沸石效果更好，系统 pH 虽然在第 4 天时达到 6.33 的最低点，但其后即迅速升至 6.5 以上并逐渐恢复至中性范围，不同于以碱性物质对 pH 进行直接干预，沸石的加入可为微生物提供疏松多孔的“庇护所”和反应界面，帮助其缓解酸胁迫，从而促进有机酸“产消”平衡和 CH_4 形成。

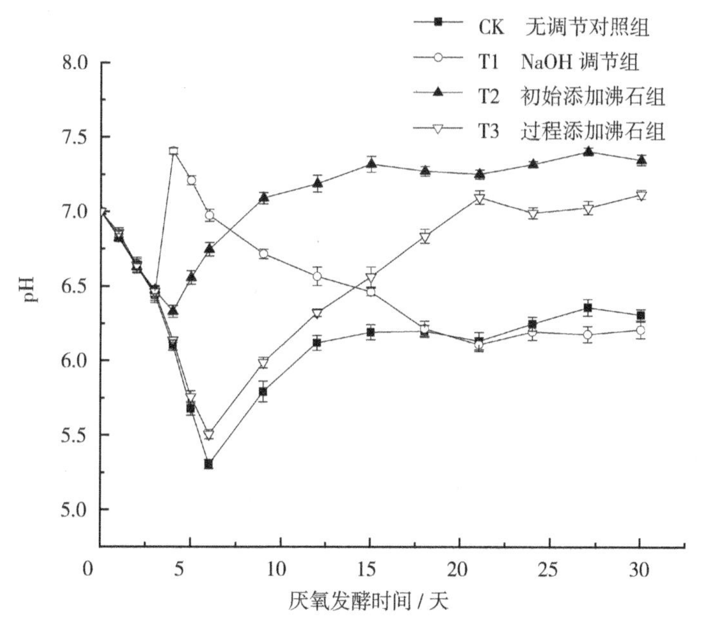

图 3–5 厌氧发酵过程中 pH 变化

4. 沸石对发酵过程有机酸浓度变化的影响

厌氧沼气发酵过程中，糖类等大分子水解生成 VFAs 是反应能够顺利进行的前提条件。尾菜富含有机成分且含水率高，具有极佳的可生化性，其厌氧分解常会产生大量 VFAs。浓度过高的 VFAs 除引起环境 pH 迅速降低外，也可能对产甲烷古菌造成直接的毒害，其中以丙酸的抑制作用最为显著。在农牧业有机废弃物厌氧发酵中，丙酸往往较早产生且更易累积，有研究认为当体系中丙酸浓度超过 1000 mg/L 时，产甲烷古菌的生理代谢会受到明显抑制，进而严重影响 CH_4 的生成。如图 3-6 所示，各处理组丙酸浓度均在发酵开始后迅速上升，且均在第 6 天时超过 1000 mg/L，其中不采取任何酸化调控措施的 CK 组丙酸浓度始终维持在 1500 mg/L 以上，而其他各组丙酸浓度则在达到高点后逐渐降低。至 30 天反应结束时，CK 及 T1、T2、T3 各处理组丙酸浓度分别为 1502.32 mg/L、940.81 mg/L、198.22 mg/L、507.87 mg/L，综合产气情况来看，NaOH 和沸石调节均能在一定程度上缓解丙酸对厌氧发酵微生物菌群的毒害，促进在反应初期大量生成的丙酸向乙酸等其他 VFAs 转化，有利于 CH_4 的正常产生，而又以发酵初始即加入沸石的调控效果最佳。

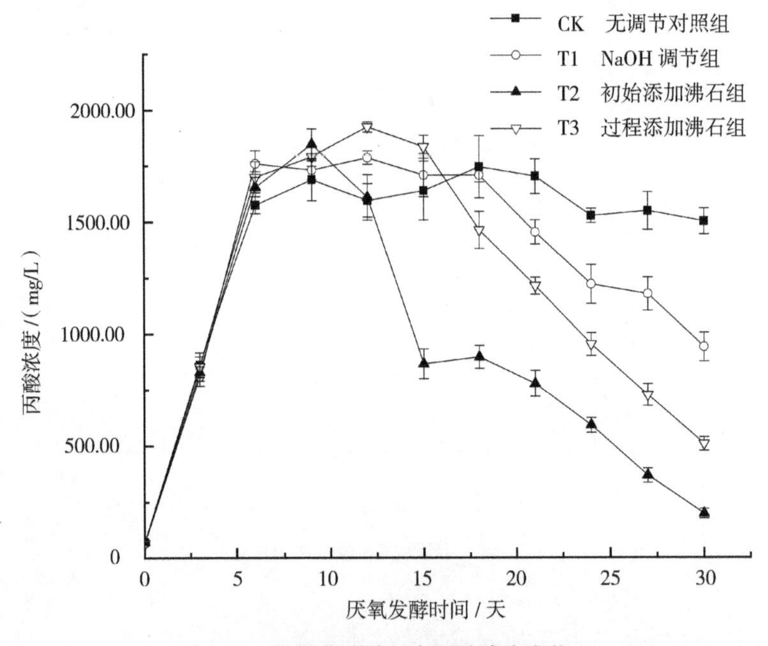

图 3-6　厌氧发酵过程中丙酸浓度变化

厌氧发酵过程中 VFAs 的浓度变化如图 3-7 所示，除 CK 组外，其他各处理组 VFAs 浓度均呈升高后逐渐降低的变化趋势，与刘荣厚等的研究结果类似。随发酵进行，CK 组 VFAs 浓度在达到 3716.55 mg/L 的最高点后下降幅度较小，说明系统发生了较为严重的“酸抑制”现象，产甲烷古菌等难以利用

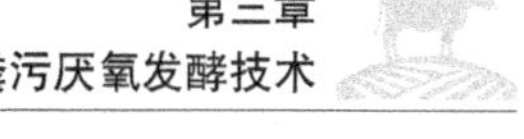

乙酸等生成 CH_4，VFAs 不能被有效消耗进一步形成负反馈，也抑制了产酸菌进一步产酸。而采取不同调控措施的 T1、T2 和 T3 组 VFAs 浓度最高分别可达 4330.09 mg/L、4864.49 mg/L 和 4583.78 mg/L，均远高于发生明显“酸抑制”现象的 CK 组。可见系统中 VFAs 的高量产生并不一定导致发生“酸抑制”现象，水解菌、产氢产乙酸菌和产甲烷古菌等沼气微生物种群协调生长、代谢及 VFAs 的迅速利用是健康产气的重要保证，而沸石等微生物保护材料的加入对沼气微生物具有更为明显的保护作用。

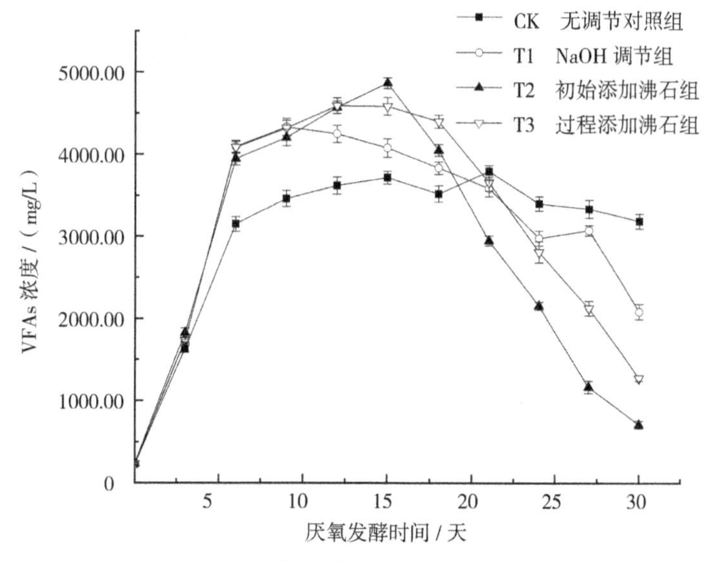

图 3-7 厌氧发酵过程中 VFAs 的浓度变化

三、结论

厌氧发酵是农牧业废弃物资源化利用的重要方式，可同步实现沼气能源、沼渣、沼液有机肥料的产出。然而当以尾菜、畜禽粪污等为主要原料进行厌氧发酵时，由于其极佳的可生化性，发酵体系内的有机物分解菌会快速代谢，短时间内即可产生大量有机酸，pH 迅速降低，无法形成“分解菌—产甲烷菌”及“大分子有机物—有机酸—甲烷”的动态平衡，导致系统产沼气 /

甲烷效率严重下降，形成显著的“酸抑制”现象。及时发现和预警包括“酸抑制”在内的发酵抑制因素，事关厌氧发酵的“成败”，已成为沼气工程领域研究和实践的重要内容。同时，采取不同措施确保厌氧发酵的稳定对于农牧业废弃物资源的高效利用是十分必要的，Serrano 和 Shen 等通过畜禽粪污、生活垃圾等与蔬果废弃物混合发酵，并增加多相发酵段，起到调节物料碳氮比、减小短时间内有机负荷冲击的作用，变相降低了发酵物料的可生化性和维护了发酵菌群的稳定，促进了产沼气/甲烷的稳定；Arhoun 等则以 $NaHCO_3$ 溶液调控果蔬厌氧发酵体系的 pH 相对稳定，为发酵菌群提供接近中性的环境，系统甲烷产率可达 90 L/kg VS，沼气中 CH_4 浓度为 40% 左右；Li 等则通过适量添加 Fe、Co、Ni 等微量元素，提高体系内微生物群抗逆性，促进了高 OLR［3.5 g VS/（L·d）］情况下，尾菜厌氧发酵体系的稳定。由此可见，高有机酸条件下厌氧发酵体系的稳定，始终要以发酵菌群的稳定为必要的前提条件。

作为一种疏松多孔的矿物，沸石兼具热稳定性好、耐酸碱腐蚀等优点，各类天然和人工改造沸石已广泛应用在化学化工、生物工程、污水处理、异味气体治理等领域。作为微生物的良好载体，沸石能够显著提高多种细菌、微藻等微生物的丰度和抗逆性，并为生化反应提供更大的接触面积，显著促进硝化、反硝化、氨氧化等重要生化反应的进行，从而大幅提高原有菌群体系的效能。沸石在有机废弃物好氧和厌氧处理方面也多有应用，魏宗强等通过在鸡粪高温堆肥中添加沸石，有效降低了磷、钾养分元素的流失，并减小了堆肥期间对地下水质的影响，提高了鸡粪肥料化利用的经济性和生态性；李国光等使用不同天然沸石和改性沸石吸附城市有机废弃物厌氧发酵沼液中的氨氮，发现 NaCl 改性沸石比表面积、孔径均有所增大，吸附效果最佳；冯洋洋等则以沸石配合碱液处理初沉污泥，有效降低了发酵液中对发酵有抑制作用的氨态氮浓度，提高了厌氧发酵的产沼气性能。本研究将沸石应用在缓解尾菜厌氧发酵“酸抑制”现象的研究中，通过对比自然发酵、碱中和、沸石加入时机等不同试验条件，可得出以下结论：

1）农牧业废弃物厌氧消化易受“酸抑制”影响而不能正常进行。本研究中，20% 接种比的中温厌氧发酵条件下，若不采取任何酸化调控措施，尾菜发酵液

pH 最低可降至 5.31 且难以恢复至中性范围，丙酸浓度若长时间高于 1500 mg/L，会超过产甲烷古菌等关键沼气微生物的耐受阈值，进而导致发酵停滞。

2）挥发性脂肪酸是关系到 CH_4 产生效率的重要中间产物，高浓度的挥发性脂肪酸并不一定造成“酸抑制”，其生成和消耗的动态平衡是系统正常运转的重要保障。而高浓度丙酸对以产甲烷古菌为代表的沼气微生物种群毒性更强，其浓度与维持时间可作为监控尾菜厌氧沼气发酵是否出现“酸抑制”的关键标志之一。

3）沸石或 NaOH 调控均可缓解尾菜厌氧发酵过程中的“酸抑制”。本试验条件下，发酵出现酸化倾向后以 NaOH 调节 pH、发酵初始添加沸石与出现酸化倾向后添加沸石，均可在一定程度上避免丙酸的高浓度累积，促进挥发性脂肪酸转化，从而恢复产气。相对无调节对照组，各试验组沼气累积产量分别提升 18.56%、68.94% 和 35.26%，甲烷累积产量分别提高 271.76%、535.88% 和 347.71%，且添加沸石效果明显优于以 NaOH 调节 pH 效果。而在发酵初始时期即添加沸石可为沼气微生物种群提供更好的保护，有效应对酸胁迫，促进 VFAs 的分解转化，显著提高消化产气性能：缩短产气延滞期，提高产气速率、总产气量和甲烷浓度，产沼气性能最佳。

第二节　牛粪混合物料厌氧发酵技术

山东省农业产业园区蔬菜种植品种多，产生的尾菜种类复杂。为研究多物料混合厌氧发酵的可行性，优化发酵参数，本章在前几章研究的基础上，将混合尾菜和玉米秸秆作为辅料，添加到牛粪中进行混合物料厌氧发酵。从甲烷产量和系统稳定性的角度，评估以单一物料、双物料和三物料混合的牛粪、尾菜和玉米秸秆的共消化性能。

一、材料与方法

1. 原料和接种物

本研究采用 3 种原料：牛粪、尾菜和玉米秸秆。

牛粪（DM）：取自银香伟业集团奶牛场，并使用厨房搅拌器（JYL-C63V，中国九阳股份有限公司）将其均匀化。

尾菜（VW）：取自山东济南现代都市农业精品园，主要由叶菜类尾菜组成，并使用食品废料处理器（DAOGRS MCD-56，DAOGRS INC，中国）将其粉碎至粒径小于 5 mm。

玉米秸秆（CS）：从山东省农业科学院的农场收集，将其风干至水分含量低于 15%，用粉碎机粉碎后过 5 mm 筛。

所有原料在使用前均储存在 4 ℃冰箱中。

接种物：从山东省淄川区法家村沼气工程（以玉米秸秆和牛粪为原料）获得。接种物在使用前存放在 4 ℃步入式冷却器的密封桶中。将收集的污泥以 2000 r/min 的速度离心 15 min，并将沉淀物用作接种物。

发酵原料和接种物的理化性质如表 3-3 所示。

表 3-3　发酵原料和接种物的理化性质

参数	尾菜	玉米秸秆	牛粪	接种物
含水率	（89.3 ± 0.3）%	（7.9 ± 0.1）%	（76.3 ± 0.1）%	（71.8 ± 0.1）%
总固体（TS）	（10.7 ± 0.3）%	（92.1 ± 0.1）%	（23.7 ± 0.1）%	（28.2 ± 0.1）%
挥发性固体（VS）	8.3%	82.6%	18.9%	13.1%
VS/TS	（77.6 ± 2.2）%	（89.7 ± 0.1）%	（79.7 ± 0.3）%	（46.5 ± 0.2）%
pH	6.2	ND[a]	8.1 ± 0.2	8.0 ± 0.4
粗蛋白[b]	（10.9 ± 0.1）%	（5.6 ± 0.5）%	12.6%	（8.7 ± 0.1）%
脂肪[b]	（9.8 ± 0.1）%	ND[a]	ND[a]	ND[a]
总碳[b]	（38.5 ± 0.4）%	（47.3 ± 0.1）%	（42.7 ± 0.3）%	27.0%
总氮[b]	（1.9 ± 0.1）%	（0.9 ± 0.1）%	（2.2 ± 0.4）%	（1.4 ± 0.3）%
碳氮比（C/N）	20.3 ± 1.3	52.6 ± 6.0	19.4 ± 3.7	19.3 ± 4.1
纤维素[b]	（10.4 ± 0.5）%	23.8%	（23.7 ± 0.1）%	16.5%
半纤维素[b]	（14.2 ± 0.2）%	27.6%	（26.4 ± 0.5）%	（1.9 ± 0.1）%
木质素[b]	（5.1 ± 0.2）%	（20.4 ± 0.9）%	8.1%	ND[a]

ND[a] = 未确定。[b]按照干重计算，其余按照湿重计算。

2. 试验设计

发酵原料采用单一物料、双物料和三物料，厌氧发酵物料混合比例如表3-4所示（湿基质量比），牛粪、尾菜和玉米秸秆进行称重和混合。对于每个处理，使用手动搅拌机（Braun-MQ705，Braun公司，德国）添加去离子水和接种物并与原料混合，以达到12%的TS（总固体）和1的F/I（基于挥发性固体的原料/接种物，Feedstock/Inoculum）比。将总固体为185 g的混合物装入2.5 L的厌氧玻璃反应器中，在可调培养箱（DHZ-D）中培养50天，培养箱温度控制在（35±1）℃，对照组仅采用接种消化液。在运行期间，每个反应器每天手动摇动两次，以加强混合。沼气采用5 L沼气袋（大连普莱特气体包装有限公司）收集，沼气袋与反应器通过玻璃管连接。每隔一天测量一次沼气成分和体积。

表3-4　厌氧发酵物料混合比例

物料配比	处理	尾菜：玉米秸秆：牛粪
单一物料	1#	100 ： 0 ： 0
	2#	0 ： 100 ： 0
	3#	0 ： 0 ： 100
双物料	4#	67 ： 33 ： 0
	5#	67 ： 0 ： 33
	6#	33 ： 67 ： 0
	7#	33 ： 0 ： 67
	8#	0 ： 67 ： 33
	9#	0 ： 33 ： 67
三物料	10#	50 ： 33 ： 17
	11#	50 ： 17 ： 33
	12#	33 ： 50 ： 17
	13#	33 ： 17 ： 50
	14#	17 ： 50 ： 33
	15#	17 ： 33 ： 50

3. 指标测定方法

（1）固体指标测定

总固体（Total Solid，TS）含量：取样品 5 g 左右（m_1）放于瓷坩埚（m_0）中，将瓷坩埚放到 105 ℃烘箱中，8 h 后至恒重，称重质量记为 m_2，则 TS（%）=（m_2-m_0）/m_1 × 100%。

挥发性固体（Volatile Solids，VS）含量测定：将上述测完 TS 的瓷坩埚放入 600 ℃马弗炉中灼烧 4 h 后，冷却称重（m_3），则 VS（%）=（m_2-m_3）/m_1 × 100%。

总碳（Total Carbon，TC）、总氮（Total Nitrogen，TN）：将烘干后的样品经球磨仪粉碎，采用元素分析仪（Elementar Analysensystem，Hanau，德国）测定。

木质纤维素：采用范式洗涤法测定（王冲 等，2015），烘干样品（0.5 ± 0.05）g，装入专用的测定袋中（F57，ANTOM，美国），封口，放入 ANTOM 220 型纤维素分析仪（北京和众视野科技有限公司，中国）进行测定。经过中性洗涤液、酸性洗涤液、72%H_2SO_4 洗涤后，烘干，放于坩埚中，马弗炉 550 ℃灼烧 3 h，冷却后称重即可分别得到可溶性物质、半纤维素、纤维素及木质素含量。

（2）液体指标测定

pH 测定：称取 5 g 样品于 100 mL 离心管中，用 50 mL 去离子水稀释，然后在正常实验室条件下以 10 000 r/min 的速度离心（Avanti J-30，Beckman 公司，美国）15 min。上清液通过 0.22 mm 孔径过滤器过滤，使用酸度计（PHS-3C，上海精密科学仪器有限公司）测定 pH。

总氨氮（Total Ammonia Nitrogen，TAN）：包含游离态氨（NH_3）和铵态氮（NH_4^+-N），根据改进的蒸馏滴定法测定（ISO 5664—1984）。

挥发性脂肪酸（Volatile Fatty Acids，VFAs）测定：根据 Wang 等（2018）描述的方法，使用气相色谱系统（GC）测量总 VFAs（包括乙酸、丙酸、丁酸和戊酸），使用配有 DB-WAX 填充柱（30 m × 0.32 mm，安捷伦，美国）和火焰离子化检测器的 GC 系统（GC2014，Shimadzu，日本）对总 VFAs 进行分析。注射器和检测器的温度分别保持在 250 ℃和 300 ℃，载气为氮气，烘箱的初始温度为 110 ℃，保持 1 min，然后每分钟增加 10 ℃，至 250 ℃后保持 5 min。

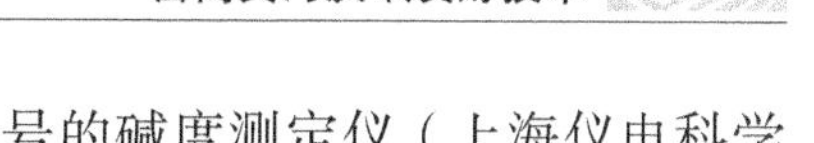

碱度（Alkalinity, ALK）：由 ZDJ-5B 型号的碱度测定仪（上海仪电科学仪器股份有限公司）测定。

（3）气体指标的测定

用沼气流量计（Ritter，德国）测量沼气袋中收集的沼气量，并用装有热导检测器（TCD）的气相色谱系统（北京普析通用仪器有限责任公司）分析沼气（CO_2、CH_4、N_2 和 O_2）的成分，以 5.2 mL/min 的流速将氦气用作载气，检测器室的温度保持在 200 ℃，而烘箱的初始温度为 40 ℃，然后在 1 min 内迅速增加到 60 ℃。以 mL/g VS 表示的每克原料产生的甲烷量与启动时装入反应器的甲烷量，通过减去每克接种物产生的甲烷量与装入控制反应器的甲烷量进行校正。

4. 数据分析

所有数据均采用 SAS（统计分析系统）9.2 for Windows（SAS Institute Inc., Cary, NC, 美国）进行分析。根据每种方法计算平均值和标准误差。采用单因素方差分析法对数据进行分析，并采用 Tukey 诚实显著性差异（hsd）检验（阈值 *P* 值为 0.05）对平均值进行比较。

二、结果与讨论

1. 消化混合物的特性

由表 3-3 可知，厌氧发酵 3 种原料性质不同，从 VS/TS 来看，玉米秸秆最高，达到 89.7%；牛粪稍低，达到 79.7%；尾菜最低，为 77.6%。分析其原因是玉米秸秆的木质素含量较高（20.4%），而木质素在厌氧消化过程中具有高度的抗降解性（Liew et al., 2012）。从 C/N 来看，玉米秸秆粗蛋白含量较低（5.6%），C/N 极高（52.6），尾菜和牛粪的 C/N 在 20 ～ 30 这个最佳范围内。与玉米秸秆和牛粪相比，尾菜中纤维素含量（10.4%）和半纤维素含量（14.2%）要低得多。尾菜脂肪含量（9.8%）高，有研究表明脂质降解产生长链脂肪酸，对产甲烷具有抑制作用（Girault et al., 2012）。牛粪中粗蛋白质含量（12.6%）最高，其中氮主要以有机氮的形式存在（Thamsiriroj et al., 2010）。将 3 种发酵物料混合后，再次测量消化材料的化学性质，如表 3-5 所示，对于单一物料厌氧消化（处理 1 ～ 3），简单地将原料与接种物混合，优化了 C/N，尤其是处理 2，其中 C/N

表 3–5　混合物料化学性质

处理	TS	VS	pH	粗蛋白	脂肪	纤维素	半纤维素	木质素	C/N
1#	12%	（5.94 ± 0.2）%	6.5 ± 0.1	（7.95 ± 0.7）%	8.86%	（13.22 ± 0.2）%	9.92%	（10.26 ± 0.2）%	20.1 ± 0.4
2#	12%	（7.63 ± 0.2）%	7.4	（8.04 ± 0.6）%	（10.62 ± 0.2）%	（23.54 ± 0.3）%	20.32%	（17.53 ± 0.1）%	41.2 ± 1.8
3#	（12 ± 0.1）%	（6.79 ± 0.5）%	8.1	（9.73 ± 0.2）%	（12.57 ± 0.1）%	（22.75 ± 0.5）%	（19.45 ± 0.1）%	（8.81 ± 0.1）%	19.4 ± 0.2
4#	（12 ± 0.1）%	（6.69 ± 0.1）%	6.9 ± 0.1	（6.89 ± 0.1）%	（11.20 ± 0.4）%	20.21%	（19.22 ± 0.5）%	16.16%	24.7 ± 1.2
5#	12%	（7.48 ± 0.4）%	7.1 ± 0.1	（10.02 ± 0.2）%	（9.88 ± 0.2）%	（18.54 ± 0.3）%	（16.32 ± 0.1）%	（9.49 ± 0.2）%	19.8 ± 0.4
6#	12%	（7.57 ± 0.1）%	7.2 ± 0.3	（8.47 ± 0.1）%	9.02%	21.22%	（19.42 ± 0.7）%	（17.13 ± 0.3）%	31.5 ± 1.2
7#	12%	7.54%	7.4 ± 0.2	（9.04 ± 0.5）%	（12.46 ± 0.2）%	（20.23 ± 0.6）%	（18.54 ± 0.3）%	（9.07 ± 0.8）%	19.6 ± 1.0
8#	12%	（7.41 ± 0.3）%	7.5	（9.65 ± 0.3）%	10.39%	（22.31 ± 0.3）%	（20.58 ± 0.3）%	（16.54 ± 0.1）%	30.5 ± 1.2
9#	12%	（7.51 ± 0.1）%	7.6 ± 0.3	（8.34 ± 0.3）%	9.86%	（22.03 ± 0.1）%	19.98%	（14.57 ± 0.2）%	23.8 ± 0.7
10#	12%	（6.75 ± 0.3）%	7.1	（9.55 ± 0.5）%	（7.97 ± 0.2）%	21.44%	（19.25 ± 0.4）%	15.70%	24.5 ± 0.6
11#	（12 ± 0.1）%	（7.21 ± 0.1）%	7.2	（8.51 ± 0.2）%	7.61%	（20.58 ± 0.2）%	（19.56 ± 0.2）%	（13.76 ± 0.2）%	21.9 ± 0.8
12#	12%	（7.44 ± 0.1）%	7.3 ± 0.1	（8.68 ± 0.4）%	（8.68 ± 0.1）%	（20.98 ± 0.1）%	（19.47 ± 0.2）%	（16.41 ± 0.5）%	27.4 ± 0.5
13#	12%	（7.34 ± 0.2）%	7.3	（8.12 ± 0.6）%	（10.78 ± 0.3）%	（20.12 ± 0.2）%	18.54%	（13.33 ± 1.6）%	21.8 ± 0.3
14#	12%	（7.36 ± 0.2）%	7.4 ± 0.2	（9.10 ± 0.5）%	（7.84 ± 0.1）%	（22.54 ± 0.2）%	（20.35 ± 0.9）%	（16.06 ± 0.1）%	27.1 ± 0.6
15#	12%	（7.19 ± 0.4）%	7.5 ± 0.1	（8.79 ± 0.8）%	（8.76 ± 0.1）%	（21.55 ± 0.9）%	（20.33 ± 0.2）%	（14.91 ± 0.5）%	24.0 ± 1.0

从 52.6 降低到 41.2，木质素含量从 20.4% 调整到 17.53%。对于双物料混合厌氧消化（处理 4 ～ 9），C/N 优化为 19.6 ～ 31.5。而对于三物料混合厌氧消化（处理 10 ～ 15），C/N 进一步优化为 21.8 ～ 27.4。双物料和三物料混合物的 pH 为 6.9 ～ 7.6，可见发酵原料的混合降低了消化混合物之间的差异。

2. 厌氧消化特性

表 3-6 是不同处理发酵前后 pH、VFAs、ALK 和 VFAs/ALK 的变化，可以看出尾菜单一物料（处理 1）的厌氧消化，最终 pH（4.2）较低，最终 VFAs/ALK（1.4）较高，表明该处理处于应力状态，最终 VFAs 浓度（8.4 g/L）高于 6 g/L 的抑制水平（Appels et al., 2008）表明 VFAs 累积很可能导致反应器系统崩溃。而对于双物料或三物料混合厌氧发酵的处理，最终的 pH 为 7.2 ～ 8.4，接近 Lahav 等（2004）提出的建议厌氧发酵控制 pH 为 7.4，除底物中尾菜含量较高（67%）的处理外，其余绝大多数处理 pH 均高于 7.4。

从 VFAs 浓度来看，尾菜所占比例偏高的处理，厌氧发酵的最终 VFAs 浓度也较高，可能是因为它的脂质含量很高。双物料混合物发酵中尾菜占 67% 牛粪占 33% 的处理，最终 VFAs 浓度最高（5.9 g/L，处理 5），其次是尾菜占 67% 秸秆占 33% 的处理（5.6 g/L，处理 4），接近于 Appels 等（2008）提出的抑制水平。从 VFAs/ALK 来看，虽然每个处理的最佳 VFAs/ALK 不同，但通常建议 VFAs/ALK 低于 0.4，而高于 0.6 则意味着过量的生物量输入（Liu et al., 2018）。由表 3-6 可知，大多数处理的最终 VFAs/ALK 低于 0.4，但尾菜比例高的处理（处理 1、4 和 5），VFAs/ALK 为 0.7 或更高，表明这些处理的反应器处于应力状态，这可能导致它们的甲烷产量较低。三物料混合发酵的最终 VFAs 浓度为 2.4 ～ 3.7 g/L，碱度为 10.3 ～ 13.6 g $CaCO_3$/kg，VFAs/ALK 为 0.2 ～ 0.3。结果表明，三物料混合发酵降低了抑制作用。

表 3-6　pH、挥发性脂肪酸和碱度的变化

处理	pH		挥发性脂肪酸 /（g/L）		碱度 /（g $CaCO_3$/kg）		挥发性脂肪酸 / 碱度	
	初始	最终	初始	最终	初始	最终	初始	最终
1#	6.5 ± 0.1	4.2	0.8 ± 0.1	8.4 ± 0.5	5.5	6.1 ± 0.2	0.2	1.4

续表

处理	pH		挥发性脂肪酸 /（g/L）		碱度 /（g $CaCO_3$/kg）		挥发性脂肪酸 / 碱度	
	初始	最终	初始	最终	初始	最终	初始	最终
2#	7.4	8.4 ± 0.1	0.2	2.6 ± 0.1	8.2 ± 0.1	9.5 ± 0.3	0.0	0.3
3#	8.1	8.6 ± 0.1	0.3	3.4 ± 0.3	10.3 ± 0.3	16.2 ± 0.5	0.0	0.2
4#	6.9 ± 0.1	7.3	0.6	5.6 ± 0.5	6.4 ± 0.2	8.3 ± 0.6	0.1	0.7
5#	7.1 ± 0.1	7.2	0.7 ± 0.1	5.9 ± 0.5	7.1	8.5 ± 0.3	0.1	0.7
6#	7.2 ± 0.3	7.8	0.4	3.1	7.3 ± 0.2	8.3 ± 0.2	0.1	0.4
7#	7.4 ± 0.2	7.7 ± 0.1	0.5	3.9 ± 0.3	8.7	9.5 ± 0.3	0.1	0.4
8#	7.5	8.3 ± 0.2	0.2	3.1 ± 0.5	8.9 ± 0.2	9.6 ± 0.6	0.0	0.3
9#	7.6 ± 0.3	8.2 ± 0.1	0.3	3.9 ± 0.4	9.6 ± 0.1	12.4 ± 0.3	0.0	0.3
10#	7.1	8.0 ± 0.1	0.5	3.3 ± 0.1	7.2	10.7 ± 0.4	0.1	0.3
11#	7.2	8.0 ± 0.1	0.5	3.0 ± 0.2	7.5 ± 0.3	10.3 ± 0.5	0.1	0.3
12#	7.3 ± 0.1	8.4	0.4	3.2 ± 0.2	7.6 ± 0.1	11.4 ± 0.7	0.1	0.3
13#	7.3	8.3 ± 0.2	0.5	3.7 ± 0.4	8.3 ± 0.1	13.6 ± 0.5	0.1	0.3
14#	7.4 ± 0.2	8.2	0.3	2.6 ± 0.1	8.4 ± 0.2	11.2 ± 0.3	0.0	0.2
15#	7.5 ± 0.1	8.2	0.3	2.4	8.8 ± 0.3	11.6 ± 0.5	0.0	0.2

3. 甲烷产量

（1）甲烷累积产量

图 3-8 是单一物料、双物料和三物料混合厌氧发酵的甲烷累积产量情况。从图中可以看出，3 个单一物料厌氧发酵处理甲烷累积产量不同，仅 100% 尾菜厌氧发酵处理的甲烷累积产量较低，为 61.2 mL/g VS（处理 1），这主要是由于 VFAs 过度累积（表 3-6）；以 100% 牛粪为原料的厌氧发酵处理的甲烷累积产量最高（223.0 mL/g VS），比 100% 玉米秸秆为原料的厌氧发酵处理提高 19.1%。

双物料混合厌氧发酵较单一物料提高了甲烷产量，虽然 4 号和 5 号处理的尾菜比例达到 67%，但与尾菜单独发酵相比，添加 33% 的第二原料有助于降低 VFAs 浓度，并分别提高 253% 和 215% 的甲烷产量。这可能是牛粪与尾

菜共同发酵的结果；而且玉米秸秆可以稀释有毒化学品，增强营养平衡，提供碱度，克服尾菜单一物料发酵的缺点（Xu et al., 2017）。6 个双物料厌氧发酵处理中有 3 个处理的甲烷累积产量甚至比牛粪单独厌氧发酵处理（处理 3）更高。

除处理 12 外，三物料混合厌氧发酵的性能优于双物料混合厌氧发酵。处理 12 的物料为 33% 的尾菜、50% 的玉米秸秆和 17% 的牛粪，由图 3–8 可知，该处理甲烷累积产量与双物料混合厌氧发酵相差不大。与其他 5 个三物料混合厌氧发酵的处理相比，处理 12 的物料具有更高的木质素含量（16.41%）（表 3–5），这降低了其消化率。50% 的尾菜、33% 的玉米秸秆和 17% 的牛粪为原料的处理，获得了最高的甲烷累积产量（302.3 mL/g VS，处理 10），约为尾菜单独厌氧发酵的 5 倍。发酵原料种类多的处理通常比发酵原料少的处理获得更高的甲烷产量，这可能是因为添加不同的原料进行共同发酵，可以提供不同的营养素和稀释抑制剂，具有降低抑制或减少发酵失败的可能性。与双物料或单一物料厌氧发酵相比，在大多数情况下，三物料混合发酵处理具有较低的最终 VFAs 浓度和较高的碱度（表 3–6），因此相对更稳定。该结果与 Li 等（2018b）报告的结果相似。

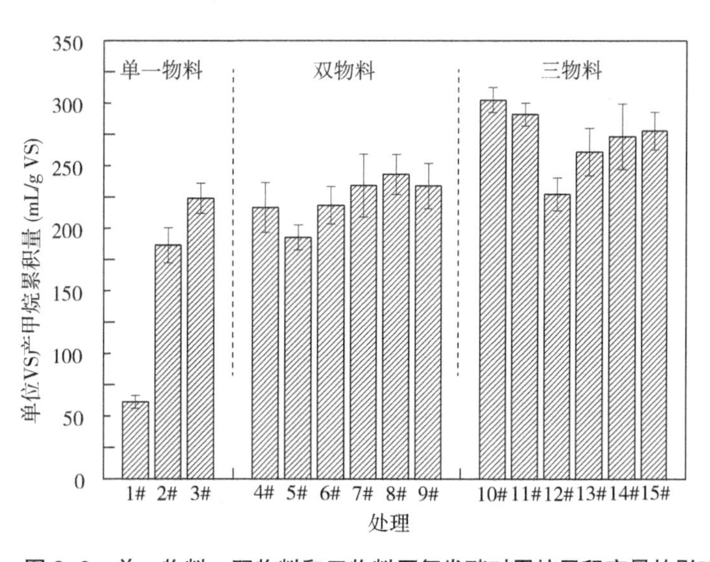

图 3–8　单一物料、双物料和三物料厌氧发酵对甲烷累积产量的影响

图 3-9 显示了单一物料、双物料和三物料厌氧发酵对甲烷累积产量的影响。圆圈的位置表示 3 种原料的混合比，圆圈的大小表示甲烷累积产量。3 个三角形顶点（单一物料发酵）的大小相对较小，三角形内的圆（三物料混合发酵）的大小相对较大。尾菜在双物料混合厌氧发酵过程中起着非常重要的作用，与牛粪或玉米秸秆混合时，其对甲烷产量有显著的影响；当发酵原料不添加尾菜时，无论玉米秸秆和牛粪的混合比例如何，混合物料厌氧发酵的甲烷产量都相当稳定。这一结果与其他关于厌氧共消化的研究结果相似，与单一物料厌氧发酵相比，混合物料厌氧发酵减轻了抑制效果，提高了甲烷产量（Li et al.，2016，2018b）。

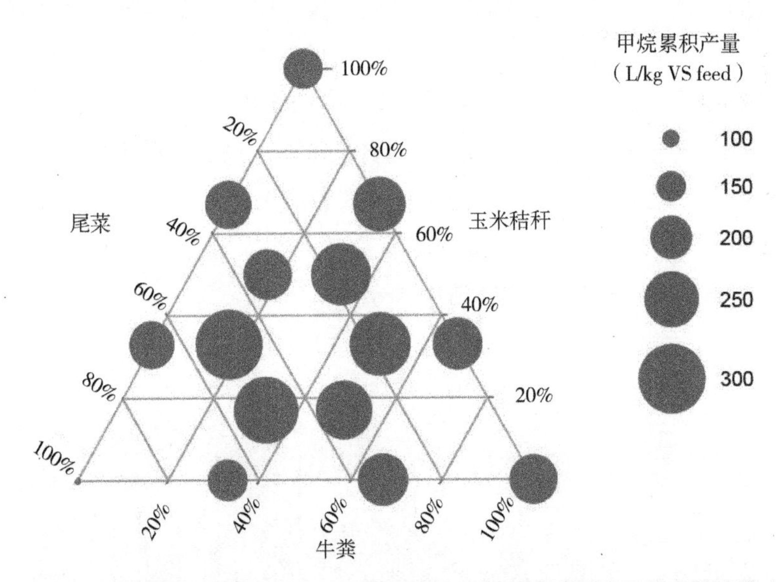

图 3-9　牛粪、尾菜和玉米秸秆不同配比厌氧发酵对甲烷累积产量的影响

（2）甲烷日产量

图 3-10 显示了单一物料厌氧发酵甲烷日产量情况，牛粪、尾菜和玉米秸秆单一物料厌氧发酵甲烷日产量图都仅有一个主要峰值。尾菜厌氧发酵在第 5 天就达到了最高产量（12.1 mL/g VS），然后甲烷日产量迅速降低，厌氧发酵失败［图 3-10（a）］。与此完全不同的是，玉米秸秆单一物料在厌氧发酵时，每日甲烷产量增长都非常缓慢，在第 25 天达到峰值（9.2 mL/g VS）［图 3-10（b）］。

尽管玉米秸秆的甲烷累积产量远高于尾菜，但其峰值产量较低，主要是由于尾菜中蛋白质含量高，早期容易消化。牛粪单一物料发酵在第 17 天达到峰值［图 3–10（c）］。峰值出现时间的差异表明 3 种原料的降解速率不同。

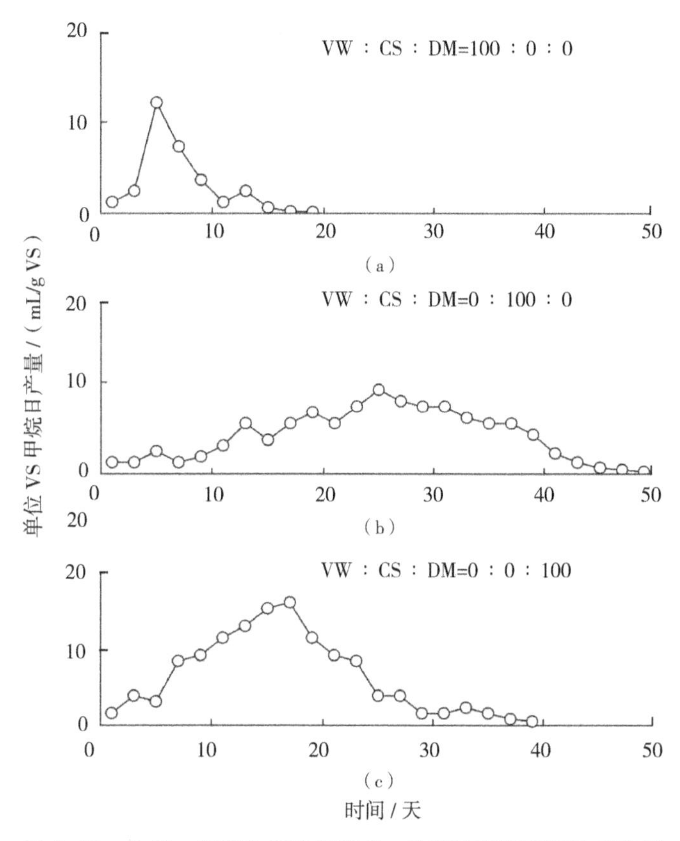

图 3–10　牛粪、尾菜和玉米秸秆单一物料厌氧发酵甲烷日产量

图 3–11 是 2 种或 3 种混合物料厌氧发酵甲烷日产量，由图可知，不同处理可以观察到一个以上的峰值，比较典型的如图 3–11（d）和图 3–11（j）所示。图 3–11（d）是牛粪和尾菜双物料混合发酵，可以观察到甲烷日产量的 2 个峰值，这 2 个峰值很可能与图 3–10（a）和图 3–10（c）所示的峰值（基于峰值时间）相关。图 3–11（d）中的第 1 个峰可能主要由尾菜厌氧发酵产生，而第 2 个峰可能由牛粪厌氧发酵产生。如图 3–11（j）所示，当添加玉米秸秆

后，从图中观察到第 3 个峰值。因此，与单一物料厌氧发酵甲烷日产量曲线产生一个大峰值相比，双物料或三物料厌氧发酵能够使甲烷日产量更分散，并且甲烷产量更稳定，将有利于后续沼气的提纯和利用。

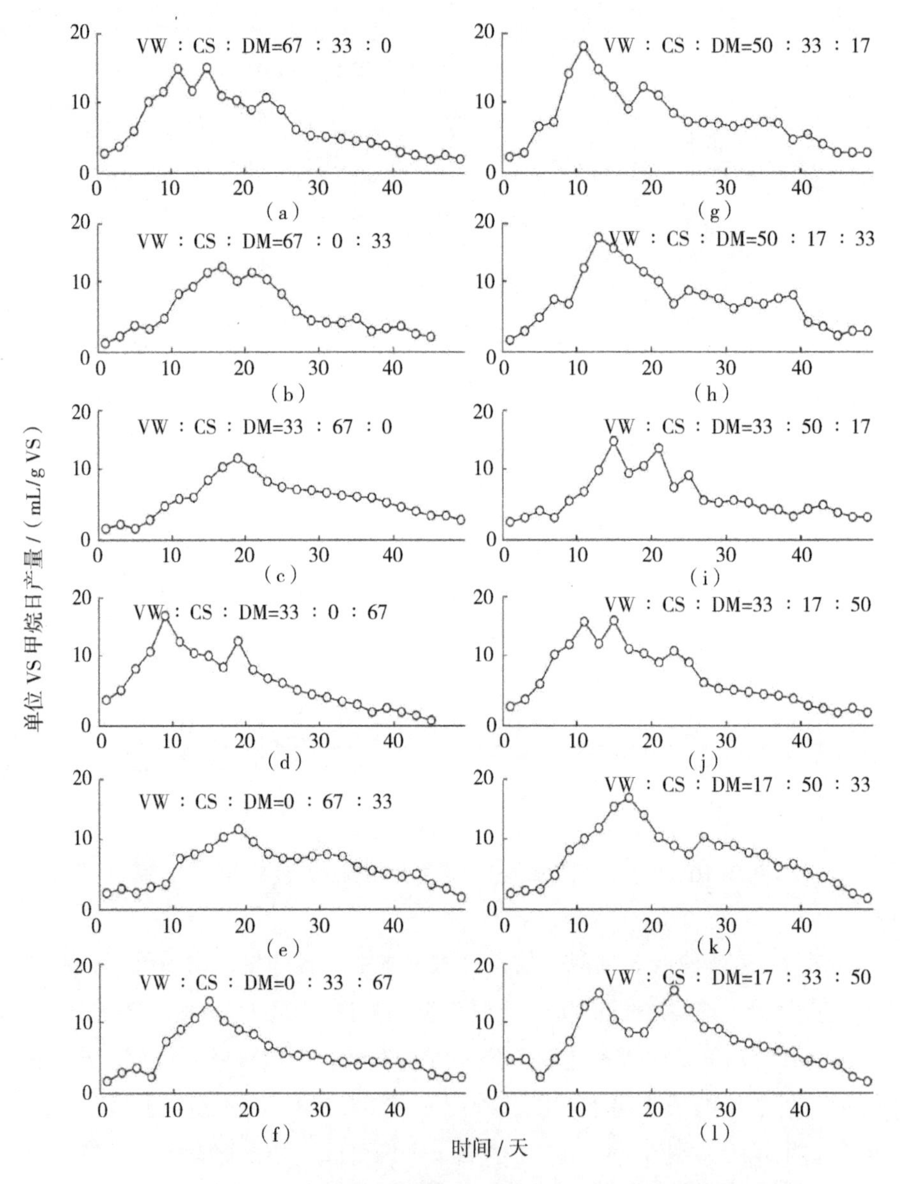

图 3-11 牛粪、玉米秸秆和尾菜双物料和三物料厌氧发酵甲烷日产量

4. 小结

1）牛粪、尾菜和玉米秸秆混合物料厌氧发酵可以制备沼气。三物料混合发酵的甲烷累积产量优于双物料和单一物料，17% 牛粪、50% 尾菜、33% 玉米秸秆的处理，获得了最高的甲烷累积产量（302.3 mL/g VS），是单一物料发酵的 1.4 ～ 4.9 倍。

2）单一物料厌氧发酵甲烷日产量只有 1 个峰值，牛粪和尾菜双物料混合发酵，甲烷日产量有 2 个峰值，添加秸秆后观察到 3 个峰值。双物料或三物料厌氧发酵能够使甲烷日产量更分散，并且甲烷产量更稳定，这将有利于后续沼气的提纯和利用。

3）尾菜比例高的处理 VFAs/ALK 为 0.7 或更高，这些处理的反应器处于应力状态，导致了它们的甲烷产量较低。三物料混合发酵的最终 VFAs 浓度为 2.4 ～ 3.7 g/L，碱度为 10.3 ～ 13.6 g $CaCO_3$/kg，VFAs/ALK 为 0.2 ～ 0.3。三物料混合发酵降低了抑制作用。

第三节　奶牛粪和番茄秧协同厌氧发酵产沼气潜力及群落结构特征

一般来说，湿式厌氧发酵是目前常用的厌氧发酵方法，由于物料发酵浓度低，易搅拌，操作维护更方便且传质效率高而被人们广泛利用。但随着有机废弃物的产生量逐年增大，大量有机废弃物含固率较高，干发酵和半干发酵相对于湿发酵因含水率低、反应器容积小和占地面积小等特点被大量研究者认为更具优势。在奶牛粪厌氧发酵过程中，选取农业园区产量较多的番茄秧作为辅料，添加到厌氧发酵系统中，与奶牛粪混合进行厌氧发酵，研究不同 TS 浓度（湿发酵、半干发酵和干发酵）对厌氧发酵甲烷产量及系统稳定性的影响，并结合微生物学指标，研究两种原料不同浓度发酵对发酵系统中微生物群落结构的影响，明确不同物料发酵浓度对甲烷产量的影响机理，确定发酵浓度对厌氧发酵过程的影响规律。

一、材料与方法

1. 原料和接种物

本研究主要采用两种发酵原料：奶牛粪和番茄秧。

奶牛粪：取自山东菏泽曹县，山东银香伟业集团有限公司，并使用厨房搅拌器（JYL–C63V，中国九阳股份有限公司）将其搅拌并均匀化。

番茄秧：取自山东济南现代都市农业精品园，使用食品废料处理器（DAOGRS MCD–56，DAOGRS INC.，中国）将其粉碎至粒径小于 5.0 mm，并均匀化。

所有原料在使用前均在 4 ℃冰箱中冷藏保存。

接种物：取自济南长清区恒源农业沼气工程（以奶牛粪和尾菜为原料）。接种物在使用前存放在 4 ℃步入式冷却器的密封桶中。将收集的污泥以 2000 r/min 的速度离心 15 min，并将沉淀物用作接种物。

原料和接种物的理化性质如表 3–7 所示。

表 3–7　原料和接种物的理化性质

测定指标	奶牛粪	番茄秧	接种物
含水率	（62.2 ± 0.40）%	（85.1 ± 0.20）%	（62.6 ± 0.80）%
总固体（TS）	（37.8 ± 0.30）%	（14.9 ± 0.20）%	（37.4 ± 0.40）%
挥发性固体（VS[b]）	（16.1 ± 0.02）%	（10.5 ± 0.50）%	（10.2 ± 0.03）%
VS/TS	（42.6 ± 0.20）%	（70.2 ± 0.07）%	（27.3 ± 0.04）%
pH	8.0 ± 0.20	ND[a]	8.3 ± 0.40
总碳[b]	45.4%	（46.6 ± 0.40）%	（16.7 ± 0.02）%
总氮[b]	2.4%	（2.4 ± 0.30）%	（0.8 ± 0.01）%
碳氮比	18.5	19.5 ± 0.80	21.2 ± 0.02
半纤维素[b]	（25.1 ± 0.70）%	（16.0 ± 0.08）%	（14.3 ± 0.20）%
纤维素[b]	（23.4 ± 0.50）%	（21.5 ± 0.02）%	（6.3 ± 0.50）%
木质素[b]	（6.1 ± 0.07）%	（7.0 ± 0.01）%	（5.1 ± 0.70）%

ND[a] = 未测定。[b]按照干重计算，其余按照湿重计算。

2. 试验装置

本试验装置由恒温柜、发酵瓶、流量计、集气袋组成，发酵瓶容积为 1 L，发酵瓶与流量计、集气袋通过玻璃管和橡胶管连接，产生的沼气由集气袋收集，通过流量计计量，发酵瓶置于恒温柜中，恒温柜温度设置为（35 ± 1）℃（图 3-12）。

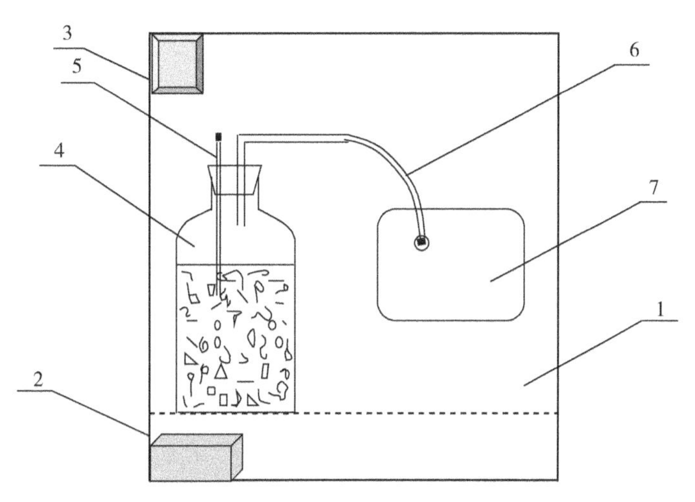

1—恒温柜；2—加热器；3—温度调控面板；4—发酵瓶；5—取样管；6—导气管；7—集气袋。

图 3-12　试验装置示意

3. 试验设计

本试验发酵原料为奶牛粪和番茄秧，二者湿基质量比为 1 ∶ 1，接种比（Feedstock/Inoculum, F/I）为 1，试验按照不同 TS 浓度共设置 9 个处理（表 3-8），发酵物料 TS 浓度分别为 6%、8%、10%、12%、15%、18%、20%、22% 和 25%，另设置对照组 CK（只以接种物为原料）。每个处理设置 3 个平行试验。对于每个处理，向原料中添加去离子水和接种物并使用手动搅拌机（Braun-MQ705，Braun 公司，德国）混匀。添加物料后，向发酵瓶中注入氮气 1 min，以保证严格的厌氧环境。厌氧发酵瓶置于可调培养箱中培养 50 天，培养箱温度控制在（35 ± 1）℃。试验期间，沼气采用 5 L 沼气袋（大连普莱特气体包装有限公司）收集，沼气袋与反应器通过玻璃管连接，每天定时测定沼气产量，并测定沼气成分。取发酵前后的样品测定。

表 3-8　不同固形物含量混合物料厌氧发酵试验设置

处理类型	试验处理	TS 浓度
湿发酵	F1	6%
	F2	8%
	F3	10%
半干发酵	F4	12%
	F5	15%
	F6	18%
干发酵	F7	20%
	F8	22%
	F9	25%

4. 测定指标及方法

（1）固体指标测定

总固体（Total Solid，TS）含量：取样品 5 g 左右（m_1）放于瓷坩埚（m_0）中，将瓷坩埚放到 105 ℃烘箱中，8 h 后至恒重，称重质量记为 m_2，则 $TS(\%)=(m_2-m_0)/m_1\times 100\%$。

挥发性固体（Volatile Solids，VS）含量测定：将上述测完 TS 的瓷坩埚放入 600 ℃马弗炉中灼烧 4 h 后，冷却称重（m_3），则 $VS(\%)=(m_2-m_3)/m_1\times 100\%$。

总碳（Total Carbon，TC）、总氮（Total Nitrogen，TN）：将烘干后的样品经球磨仪粉碎，采用元素分析仪（Elementar Analysensystem, Hanau，德国）测定。

木质纤维素：采用范式洗涤法测定（王冲 等，2015），烘干样品（0.5 ± 0.05）g，装入专用的测定袋中（F57，ANTOM，美国），封口，放入 ANTOM 220 型纤维素分析仪（北京和众视野科技有限公司，中国）进行测定。经过中性洗涤液、酸性洗涤液、72%H_2SO_4 洗涤后，烘干，放于坩埚中，放入 550 ℃马弗炉中灼烧 3 h，冷却后称重即可分别得到可溶性物质、半纤维素、纤维素及木质素含量。

（2）液体指标测定

pH 测定：称取 5 g 样品于 100 mL 离心管中，用 50 mL 去离子水稀释，然后在正常实验室条件下以 10 000 r/min 的速度离心（Avanti J-30，Beckman 公司，美国）15 min。上清液通过 0.22 mm 孔径过滤器过滤，使用酸度计（PHS-3C，上海精密科学仪器有限公司）测定 pH。

总氨氮（Total Ammonia Nitrogen，TAN）：包含游离态氨（NH_3）和铵态氮（NH_4^+-N）根据改进的蒸馏滴定法测定（ISO 5664—1984）。

挥发性脂肪酸（Volatile Fatty Acids，VFAs）测定：根据 Wang 等（2018）描述的方法，使用气相色谱系统（GC）测量总 VFAs（包括乙酸、丙酸、丁酸和戊酸），使用配有 DB-WAX 填充柱（30 m × 0.32 mm，安捷伦，美国）和火焰离子化检测器的 GC 系统（GC2014，Shimadzu，日本）对总 VFAs 进行分析。注射器和检测器的温度分别保持在 250 ℃和 300 ℃，载气为氮气，烘箱的初始温度为 110 ℃，保持 1 min，然后每分钟增加 10 ℃，至 250 ℃后保持 5 min。

碱度（Alkalinity，ALK）：由 ZDJ-5B 型号的碱度测定仪（上海仪电科学仪器股份有限公司）测定。

（3）气体指标的测定

用沼气流量计（Ritter，德国）测量沼气袋中收集的沼气量，并用装有热导检测器（TCD）的气相色谱系统（北京普析通用仪器有限责任公司）分析沼气（CO_2、CH_4、N_2 和 O_2）的成分，以 5.2 mL/min 的流速将氦气用作载气，检测器室的温度保持在 200 ℃，而烘箱的初始温度为 40 ℃，然后在 1 min 内迅速增加到 60 ℃。以 mL/g VS 表示的每克原料产生的甲烷量与启动时装入反应器的甲烷量，通过减去每克接种物产生的甲烷量与装入控制反应器的甲烷量进行校正。

（4）微生物指标测定

选取 TS 浓度分别为 6%、20% 及 25% 的处理厌氧发酵起始时的样品，为 3 个试验组：F1.0、F7.0 和 F9.0，以及 TS 浓度分别为 6%、20% 及 25% 的处理试验产气高峰期样品，为 3 个试验组：F1、F7 和 F9，用于后续 DNA 高通量测序研究。为使试验更具代表性和典型性，每个试验组分别取 3 个生物学平行样品。

将所取用于测定微生物的样品，经过8000 r/min 离心10 min 后，弃上清液保留下层沉淀物，备用。使用土壤基因组快速提取试剂盒（MP Biomedicals，Santa Ana，加拿大）对获得的沉淀物进行基因组DNA提取，并将提取好的DNA置于-20 ℃冰箱保存，以便用于后续分析。样品中基因组DNA测序及对微生物群落结构分析工作由北京诺禾致源科技股份有限公司完成。所采用细菌和古菌V3-V4区的引物序列如表3-9所示。

表3-9　细菌和古菌高通量测序所用引物

测序区域	引物名称	引物序列	种类
V3-V4	338F	ACTCCTACGGGAGGCAGGAG	细菌
	806R	GGACTACHVGGGTWTCTAAT	
	344F	ACGGGGYGCAGCAGGCGCGA	古菌
	806R	GGACTACVSGGGTATCTAAT	

5. 数据分析

所有数据均采用SAS（统计分析系统）9.2 for Windows（SAS Institute Inc.，Cary，NC，美国）进行分析。根据每种方法计算平均值和标准误差。采用单因素方差分析法对数据进行分析，并采用Tukey诚实显著性差异（hsd）检验（阈值P值为0.05）对平均值进行比较。

二、结果与讨论

1. 发酵原料的物理化学特性

在本研究的两种物料中，奶牛粪的TS和VS含量均高于番茄秧（表3-7），但是VS/TS仅为42.6%，低于番茄秧（70.2%）。较高的VS/TS意味着原料有较高的有机物含量，有益于提高甲烷产量。厌氧发酵适宜的C/N通常在13～28，因此奶牛粪和番茄秧的C/N显示两种物料均适宜进行厌氧发酵。另一方面，奶牛粪和番茄秧都含有大量的全纤维素（由纤维素和半纤维素组成），含量分别为48.5%和37.5%，与其他易于降解的物料相比，这可能导致较长的厌氧反应时间和较低的沼气产量。

2. 甲烷产量

奶牛粪和番茄秧混合物料在不同 TS 浓度下厌氧发酵甲烷日产量如图 3-13 所示。所有处理均可以快速启动，湿发酵、半干发酵和干发酵甲烷日产量图均呈现先增加后降低的趋势，产气高峰值出现在 9 ～ 15 天。甲烷日产量变化呈现钟形，且半干发酵和干发酵的日产甲烷图与钟形更接近。研究表明造成这一现象的原因与批式厌氧发酵典型的动力学特征相关。

TS 浓度会影响甲烷产量峰值时间（甲烷日产量达到第一峰值所需要的时间），与干发酵和半干发酵的处理相比，湿发酵（TS 浓度为 6%、8% 和 10%）的处理产气高峰值出现时间提前了 3 ～ 6 天。这一结果表明，TS 浓度对于厌氧发酵系统能否有效启动有较大影响。与干发酵相比，湿发酵的启动通常更快、甲烷滞留期更短。在湿发酵的处理中，日产气高峰值随着 TS 浓度升高而升高，日产气高峰值最高出现在 TS 浓度为 10% 的处理，达到 7.3 mL/g VS。TS 浓度为 6% 和 8% 的处理日产气高峰值较低，且甲烷日产量后期迅速下降，发酵到 23 天基本不再产气。造成这一现象的原因可能是本研究所使用的接种物和物料的 TS 含量均较高，但发酵罐体内混合物料的 TS 浓度较低。发酵罐体内 TS 浓度越低，表明在混合物料过程中添加的水越多，罐体中可降解的物料越少。在半干发酵的各处理中，日产气高峰值随着 TS 浓度升高而降低，这一结果与 Lin 等（2015）和 Li 等（2018）的研究一致。TS 浓度为 12% 的处理日产气高峰值比 TS 浓度为 18% 的处理提高了 28%，但是 TS 浓度为 12% 和 15% 的处理在 27 天后基本不再产气，TS 浓度为 18% 的处理一直持续产气。与半干发酵类似，TS 浓度为 20%、22% 和 25% 的处理日产气高峰值分别为 9.6、5.0 和 8.0 mL/g VS，日产气量下降趋势缓慢，一直持续到 30 天后甲烷日产量降低到 1.0 mL/g VS 以下。

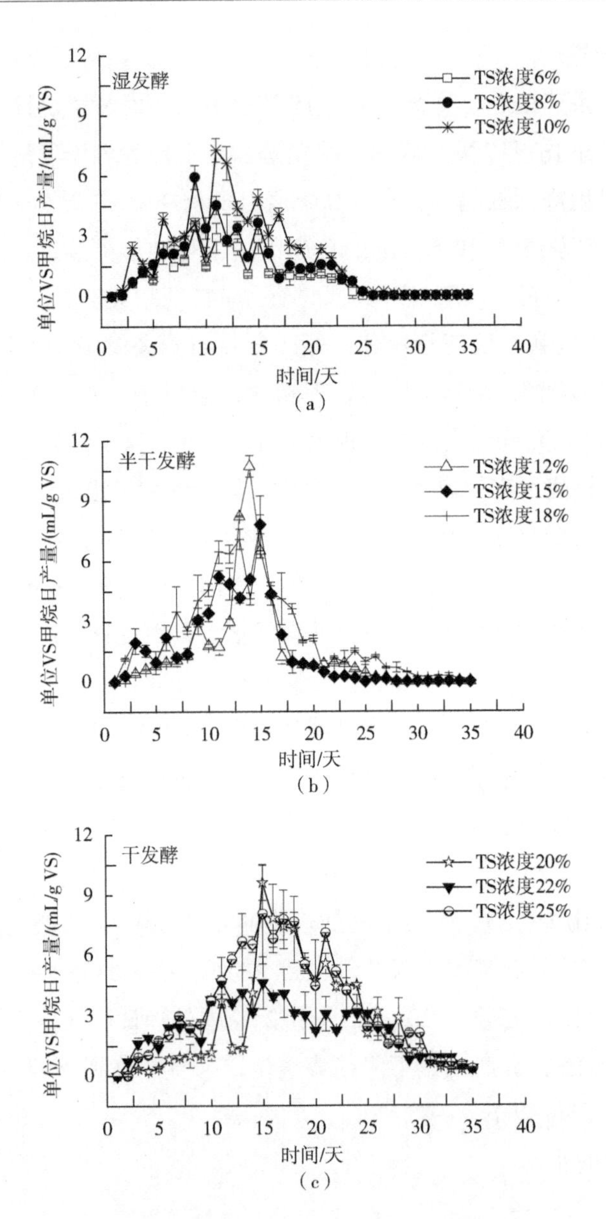

图 3-13　奶牛粪和番茄秧在不同 TS 浓度下厌氧发酵甲烷日产量

图 3-14 显示了甲烷累积产量随 TS 浓度的变化。所有的发酵处理中，TS 浓度为 25% 的发酵处理甲烷累积产量最高，达到 117.4 mL/g VS，TS 浓度为

6% 的发酵处理甲烷累积产量最低，仅为 34.2 mL/g VS。从整体来看，干发酵累积甲烷产量高于半干发酵和湿发酵。在湿发酵处理（TS 浓度为 6%、8% 和 10%）中，随着 TS 浓度的增大，甲烷累积产量也逐渐升高。TS 浓度为 10% 的处理甲烷累积产量较 TS 浓度为 6% 的处理有显著增高（$P < 0.05$），提高了 98.3%。半干发酵和干发酵的各处理甲烷累积产量的变化趋势与湿发酵相类似。TS 浓度从 12% 增加至 18%，甲烷累积产量提高了 53.8%（$P < 0.05$），但是 TS 浓度为 12% 和 15% 的处理甲烷累积产量之间的差异不显著，表明该浓度范围内固形物含量对甲烷累积产量影响不显著。一般认为，产气量达到总产气量的 90% 以上即可认为发酵基本完成。如图 3-14 所示，湿发酵和半干发酵的各处理发酵完成的时间在 17 ～ 23 天。而干发酵各处理厌氧发酵完成时间为 27 ～ 28 天。说明随着 TS 浓度的增加，体系内可降解的物料增多，厌氧发酵完成所需要的时间逐渐增长。

奶牛粪和番茄秧厌氧湿发酵、半干发酵和干发酵系统最佳甲烷累积产量（TS 浓度为 10%、18% 和 25%）如图 3-15 所示，湿发酵（TS 浓度为 10%）和半干发酵（TS 浓度为 18%）甲烷累积产量差异不显著，干发酵 TS 浓度为 25% 的处理甲烷累积产量显著高于湿发酵 TS 浓度为 10% 和半干发酵 TS 浓度为 18% 的处理，分别高 73.3% 和 45.5%。牛粪与番茄秧厌氧发酵在干发酵条件下单位体积甲烷产率（$m^3{}_{methane}/m^3{}_{reactor\ volume}$）显著（$P < 0.01$）高于在湿发酵条件下（图 3-16）。但是 TS 浓度为 10%、12% 和 15% 的处理单位体积甲烷产率没有显著性差异（$P > 0.05$）。TS 浓度为 25% 的处理具有最高单位体积甲烷产率，为 5.8 $m^3{}_{methane}/m^3{}_{reactor\ volume}$，与其他各处理相比提高 0.6 ～ 13.5 倍。本研究发现 TS 浓度对单位体积甲烷产率影响与前人的大部分研究一致，即 TS 浓度越高，单位体积甲烷产率越高。研究表明，湿法发酵的一个主要缺点是添加了大量的水，导致相同固体负荷下需要反应器体积较大且单位体积甲烷产率较低。

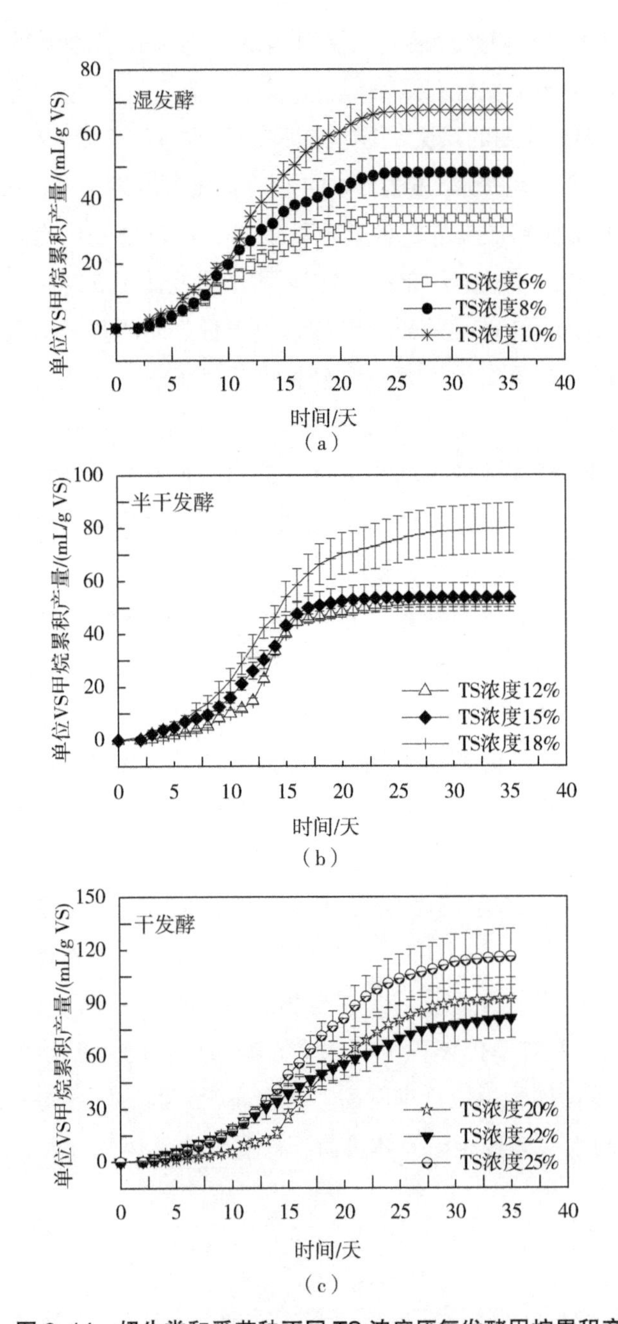

图 3-14 奶牛粪和番茄秧不同 TS 浓度厌氧发酵甲烷累积产量

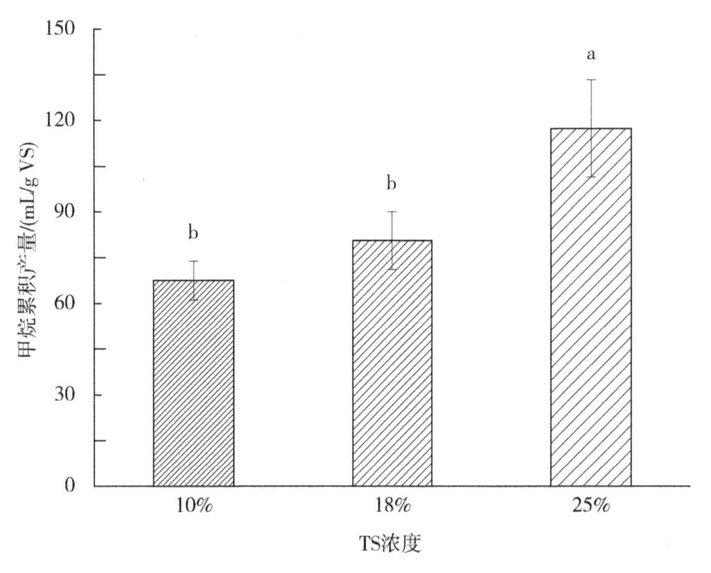

图 3-15　奶牛粪和番茄秧湿发酵、半干发酵和干发酵最佳甲烷累积产量

（注：不同的小写字母表示处理间差异显著）

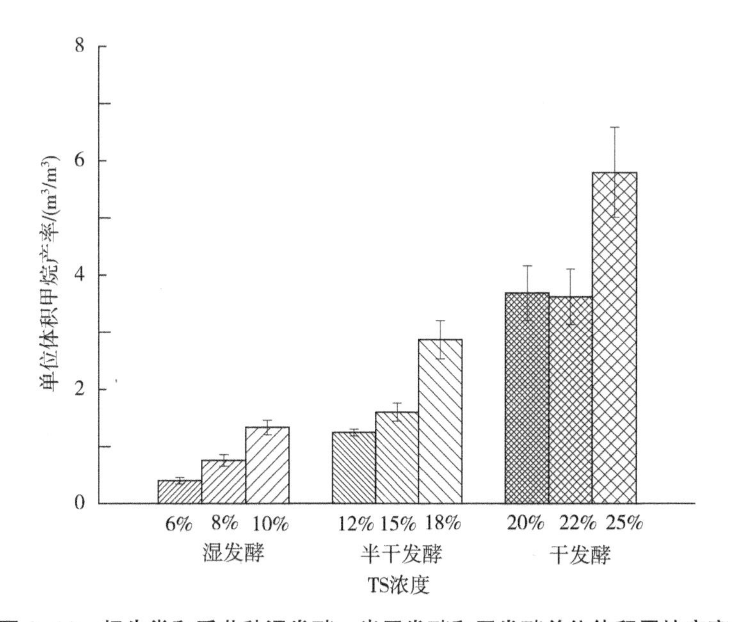

图 3-16　奶牛粪和番茄秧湿发酵、半干发酵和干发酵单位体积甲烷产率

3. 厌氧消化特性

所有处理的初始 pH 均在 7.1 ～ 8.2（表 3-10），有助于维持产甲烷菌的活性，适宜厌氧发酵反应的进行。随着反应的进行，除了 TS 浓度为 6% 和 8% 的处理 pH 大幅下降至 6.2 以下，其余各处理最终 pH 都维持在 7.5 以上。表明 TS 浓度为 6% 和 8% 的处理甲烷累积产量低的一个原因可能是体系酸化，导致 pH 的降低，抑制甲烷生成。

表 3-10　pH、总氨氮、挥发性脂肪酸和碱度的变化

处理	pH	TAN/（g/kg）	VFAs/（g/kg）	ALK/（g $CaCO_3$/kg）	VFAs/ALK
	最终	最终	最终	最终	最终
F1	5.6	1.0	5.8	4.4	1.32
F2	6.2	0.7	3.7	8.3	0.45
F3	7.5	1.6	3.1	9.8	0.32
F4	7.6	1.0	3.4	11.2	0.30
F5	7.6	1.2	2.3	8.9	0.26
F6	8.3	1.8	2.9	11.7	0.25
F7	8.5	2.1	1.1	8.4	0.13
F8	8.3	2.1	1.3	9.5	0.14
F9	8.4	2.2	1.2	6.5	0.18

随着 TS 浓度的增加，最终 VFAs 浓度呈现下降趋势。TS 浓度为 6% 的处理最终 VFAs 浓度较高（5.8 g/kg），接近 6 g/kg 这一毒性阈值（Appels et al., 2008），这一结果更加证实在 TS 浓度为 6% 的处理中，VFAs 在罐体中过量累积，导致体系失稳，造成甲烷产量低。其他各处理的 VFAs 浓度在 1.1 ～ 2.3 g/kg，总体来说，干发酵处理的 VFAs 浓度低于湿发酵和半干发酵处理，与累积产气量相关（Zhang et al., 2018）。

总氨氮（TAN）主要是在含氮有机物降解过程中被释放。前人的研究表明 TAN 浓度小于 3 g/L 有助于厌氧微生物生长及为厌氧反应罐体提供一定的缓冲（Chen et al., 2008；Mahdy et al., 2017）。本研究中每个处理最终 TAN 含

量在 0.7 ～ 2.2 g/kg，因此 TS 浓度为 6% 和 8% 的处理甲烷累积产量低可能与氨抑制无关。VFAs/ALK 被认为是监测厌氧发酵反应体系稳定的可靠参数，高于 0.6 通常表示反应器负荷过高或反应体系碱度较低（Chen et al., 2014）。TS 浓度为 6% 的处理的最终 VFAs/ALK 达到 1.32，表明该处理酸化严重和碱度不足是导致低产气量的主要原因。

4. 微生物群落结构及与发酵环境相关性分析

在奶牛粪和番茄秧不同 TS 浓度厌氧发酵中，当 TS 浓度为 25% 时（F9）具有最大甲烷累积产量，TS 浓度为 20% 时（F7）甲烷累积产量仅次于 F9，当 TS 浓度为 6% 时（F1）甲烷累积产量最差。发酵 15 天时，F1、F7 和 F9 3 个处理甲烷日产量正在产气高峰期，F1 和 F7、F9 的甲烷日产量和甲烷累积产量有较大差异。因此，选取 F1、F7 和 F9 3 个处理发酵初期和发酵 15 天时的样品进行微生物群落分析。

样本 DNA 以（338F、806R）和（344F、806R）为细菌和古菌的测序引物，以 IonS5TMXL 测序平台（诺禾致源，北京）分别进行 DNA 高通量测序，得到原始测序数据（Raw Data）。由于原始测序数据中存在一定的干扰数据（Dirty Data），通过 RDP、QIIME 等软件进一步对数据进行过滤、拼接，从而得到有效数据，并以 97% 的一致性进行 OTUs（操作分类单元，Operational Taxonomic Units）聚类分析和物种分类分析。在得到的 OTUs 结果的基础上，通过 BLAST（Basic Local Alignment Search Tool）在线分析工具等软件，对每个 OTUs 进行物种注释，分别得到细菌和古菌的微生物群落物种信息和物种丰度数据。

（1）细菌的微生物群落结构

细菌在厌氧发酵的各个过程和方面都起到至关重要的作用。如蛋白质、多糖、纤维素等物料的分解，乙酸等小分子有机物的转化，都是多种细菌微生物的共同作用。厌氧发酵过程中细菌的 Alpha 多样性如表 3-11 所示。

表 3–11　厌氧发酵初期及产气高峰期细菌的 Alpha 多样性

样品	物种数目	香农指数	辛普森指数	chao1 指数
F1.0	1009.5	6.878	0.966	1095.269
F7.0	1067.2	6.552	0.954	1189.641
F9.0	1039.8	6.821	0.967	1163.642
F1	1087.3	7.005	0.973	1079.027
F7	988.1	7.128	0.977	1129.575
F9	989.9	7.352	0.984	1077.806

注：F1.0、F7.0、F9.0 代表 TS 浓度 6%、20%、25% 发酵初期样品，F1、F7、F9 代表 TS 浓度 6%、20%、25% 发酵 15 天的样品。

香农指数是表征物种多样性的重要指标之一，表 3–11 显示各处理的细菌香农指数在 6.5 ～ 7.4。相对于发酵初期的 F1.0、F7.0 和 F9.0，产气高峰期时的 F1、F7 和 F9 的香农指数均有所增加，表明 TS 浓度为 6%、20% 和 25% 的处理厌氧发酵的过程都能提高样本组细菌的生物多样性水平。产气高峰期 F9 的香农指数最高，表明 F9（TS 浓度为 25%）细菌多样性最高，与甲烷累积产量相一致。香农指数越高，甲烷累积产量越大。

图 3–17 和表 3–12 显示了不同浓度奶牛粪和番茄秧厌氧发酵细菌菌群结构，门分类水平的主要细菌为 *Firmicutes*（厚壁菌门）、*Bacteroidetes*（拟杆菌门）、*Proteobacteria*、*unidentified_Bacteria*。可以看出 *Firmicutes* 和 *Bacteroidetes* 是优势细菌。*Firmicutes* 在厌氧发酵过程中可生成乙酸，其相对丰度与甲烷累积产量有一定关系，厌氧发酵初期 TS 浓度为 6%、20% 和 25% 的 *Firmicutes* 相对丰度分别为 43.16%、38.62% 和 37.61%，相差不大，表明发酵初期 *Firmicutes* 主要由接种物带入，发酵浓度对其相对丰度有轻微影响。在产气高峰期，TS 浓度为 6%、20% 和 25% 的 *Firmicutes* 相对丰度分别达到 38.12%、48.74% 和 43.84%，TS 浓度为 6% 的处理显著低于 TS 浓度为 20% 和 25% 的处理，这与甲烷累积产量的结果相一致（图 3–15）。*Bacteroidetes* 在植物类发酵原料降解过程中起重要作用（Yue et al., 2013），在系统中主要起到降解番茄秧的作用。厌氧发酵初期 TS 浓度为 6%、20% 和 25% 的处理 *Bacteroidetes* 相

对丰度分别为40.30%、31.16%和32.86%，相差不大。在产气高峰期，相对丰度分别达到36.64%、35.60%和33.39%，与*Firmicutes*的相对丰度类似（图3-17）。

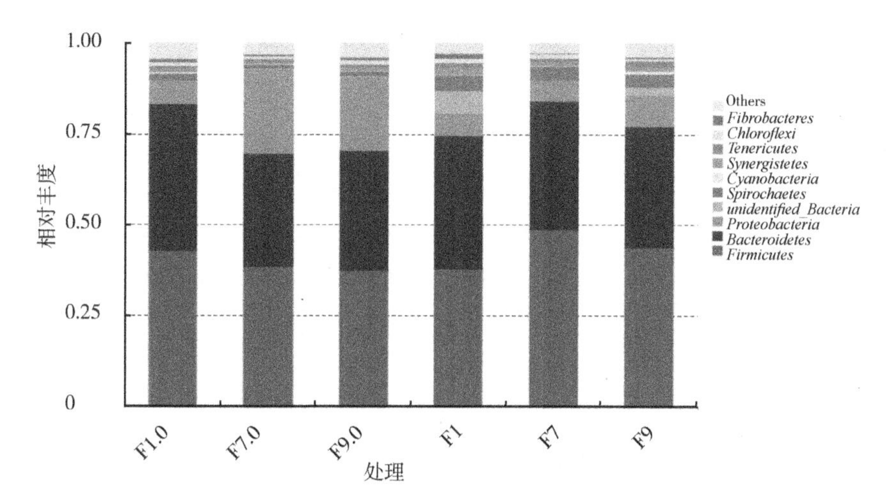

图3-17 奶牛粪和番茄秧厌氧发酵过程中细菌组成相对丰度

表3-12 厌氧发酵初期及产气高峰期细菌的相对丰度

分类学	F1.0	F7.0	F9.0	F1	F7	F9
Firmicutes	43.16%	38.62%	37.61%	38.12%	48.74%	43.84%
Bacteroidetes	40.30%	31.16%	32.86%	36.64%	35.60%	33.39%
Proteobacteria	6.40%	23.17%	20.43%	6.10%	5.75%	8.62%
unidentified_Bacteria	0.19%	0.28%	0.28%	6.34%	0.09%	2.35%
Spirochaetes	1.91%	1.09%	1.40%	4.18%	3.78%	3.58%
Cyanobacteria	0.21%	0.17%	0.15%	0.22%	0.13%	0.97%
Synergistetes	1.13%	0.82%	0.93%	2.18%	1.29%	1.06%
Tenericutes	0.55%	0.45%	0.69%	1.10%	0.61%	1.62%
Chloroflexi	1.17%	0.94%	1.24%	1.20%	1.35%	0.75%
Fibrobacteres	0.73%	0.33%	0.72%	1.36%	0.28%	0.42%
Others	4.24%	2.97%	3.69%	2.56%	2.38%	3.40%

主成分分析（Principal Component Analysis，PCA）是一种统计分析方法，可以用来表示群落结构差异度。该方法基于欧式距离（Euclidean Distances）的应用方差解析，对多维数据进行降维，从而提取出数据。如果样本距离越接近，则物种组成结构越相似，即群落结构相似度高的样本距离较为接近，而群落差异较大的样本，分开的距离也越大。

如图 3-18 所示，F1.0、F7.0 和 F9.0 3 个试验组较为接近，F7 和 F9 2 个试验组较为接近，而 F1 则与其他试验组存在较大差异。说明无论试验设置 TS 浓度为 6%、20% 和 25%，厌氧发酵初期的各组（F1.0、F7.0 和 F9.0）细菌微生物群落结构都很接近，侧面说明了发酵初期的主要微生物构成由接种物带来，基本不受发酵物料因素影响；厌氧发酵产气高峰期时，TS 浓度为 20% 和 25% 试验组（F7 和 F9）细菌微生物群落结构较为接近，而与 TS 浓度为 6% 的试验组（F1）差距较大，说明 TS 浓度显著影响了厌氧发酵过程中的细菌微生物群落构成；更可以发现，相对于厌氧发酵产气高峰期时的低 TS 浓度组（F1），厌氧发酵初期的各组（F1.0、F7.0 和 F9.0）的细菌微生物群落

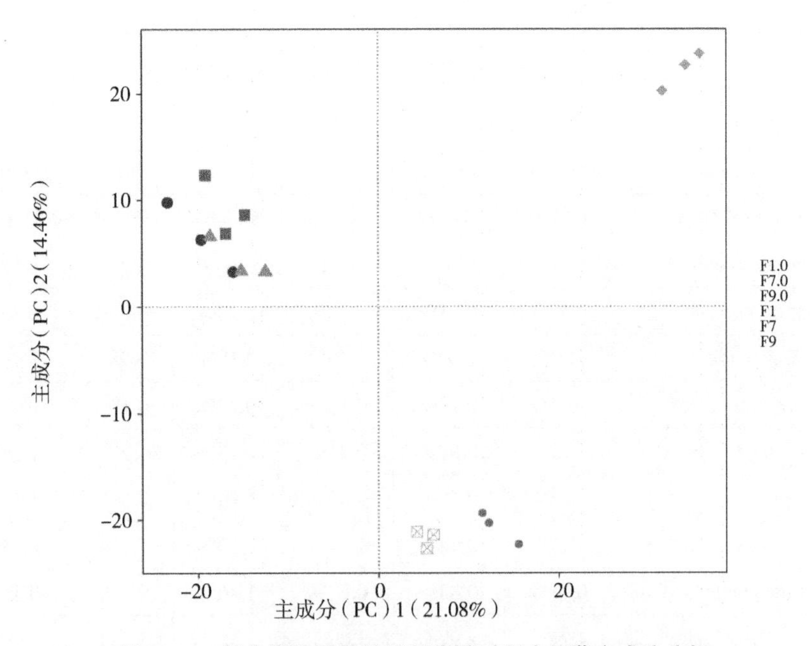

图 3-18　奶牛粪和番茄秧厌氧发酵过程中细菌主成分分析

构成与发酵产气高峰期的高TS浓度各组（F7和F9）较为接近，说明在低物料TS浓度条件下，细菌的微生物群落结构改变幅度更大。综合以上结果，我们可以认为，番茄秧与奶牛粪混合厌氧发酵，物料TS浓度的变化对细菌发酵微生物群落结果影响巨大，TS浓度越低，改变幅度越大。

（2）古菌的微生物群落结构

以产甲烷微生物为代表的古菌在厌氧沼气发酵中主要起“产甲烷”的关键作用，古菌群落结构的变化对沼气产量、甲烷浓度等关键性指标影响甚大，因此，我们单独对发酵过程中古菌的微生物群落结构变化进行了研究。

由表3-13可知，各处理的古菌香农指数在3.5～4.3，相对于发酵初始阶段，产气高峰期F7和F9的香农指数都有所增加，表明厌氧发酵的过程提高了TS浓度为20%和25%系统的古菌微生物群落多样性，而TS浓度为6%的处理，产气高峰期的古菌菌群多样性比发酵初始时降低，这与TS浓度为6%的处理系统已经趋于酸化状态、系统稳定性差（表3-10）、甲烷日产量低（图3-13）相一致。

表3-13 厌氧发酵初期及产气高峰期古菌的Alpha多样性

样本组	物种数目	香农指数	辛普森指数	chao1指数
F1.0	172	4.227	0.877	185.942
F7.0	149	3.991	0.857	162.881
F9.0	158	3.548	0.773	174.237
F1	130	4.114	0.880	137.567
F7	145	4.122	0.861	152.595
F9	140	3.722	0.804	157.254

注：F1.0、F7.0、F9.0代表TS浓度6%、20%、25%发酵初始样品，F1、F7、F9代表TS浓度6%、20%、25%发酵15天的样品。

表3-14和图3-19显示了不同浓度奶牛粪和番茄秧厌氧发酵时的古菌菌群结构。在属分类水平上，TS浓度为6%、20%和25%的处理发酵初期和产气高峰期体系中主要的古菌为*Methanoculleus*（甲烷囊菌）、*Methanosarcina*

（甲烷八叠球菌）和 *Methanobrevibacter*（甲烷短杆菌）。*Methanoculleus* 是一类极端厌氧菌，在厌氧发酵过程中主要利用系统中的甲酸盐和 CO_2 生成甲烷，在产气高峰期，TS 浓度为 6%（F1）、20%（F7）和 25%（F9）的处理，*Methanoculleus* 相对丰度分别为 27.70%、53.45% 和 66.80%，随着 TS 浓度的增加，相对丰度呈增高趋势，与甲烷累积产量相一致（图 3-14）。*Methanosarcina* 相对于其他古菌来说对环境不敏感，在乙酸浓度和 VFAs 浓度较高时也能生存，在产气高峰期，TS 浓度为 6%（F1）的处理系统已经酸化（表 3-10），但 *Methanosarcina* 的相对丰度很高，达到 47.59%。

表 3-14　厌氧发酵初期及产气高峰期古菌的相对丰度

分类学	F1.0	F7.0	F9.0	F1	F7	F9
Methanoculleus	51.21%	47.00%	63.69%	27.70%	53.45%	66.80%
Methanosarcina	6.97%	3.89%	5.41%	47.59%	14.11%	8.14%
Methanobrevibacter	15.30%	28.48%	10.48%	5.56%	13.27%	6.82%
Methanospirillum	6.73%	6.17%	6.50%	2.85%	3.23%	4.28%
Methanobacterium	1.07%	0.83%	0.73%	1.25%	1.54%	1.05%
Methanocorpusculum	0.47%	0.32%	0.38%	0.06%	0.16%	0.20%
Methanogenium	0.39%	0.22%	0.24%	0.07%	0.10%	0.10%
Methanosaeta	0.31%	0.31%	0.38%	0.38%	0.16%	0.22%
Methanosphaera	0.15%	0.20%	0.09%	0.02%	0.16%	0.07%
Methanimicrococcus	0.09%	0.05%	0.11%	0.02%	0.05%	0.10%
Others	17.32%	12.53%	11.99%	14.52%	13.77%	12.21%

对厌氧发酵初期和产气高峰期试验组 F1.0、F7.0、F9.0 及 F1、F7、F9 的古菌微生物群落结构变化同样进行了 PCA 分析。从图 3-20 中可以发现与细菌微生物群落结构变化类似的结果，物料 TS 浓度对发酵过程中古菌微生物群落构成影响较大，TS 浓度较低（6%）时，发酵产气高峰期的 F1 相较于发酵初期的 F1.0，古菌微生物群落结构发生较大变化；而 TS 浓度较高（20%、25%）时，发酵产气高峰期的 F7、F9 古菌微生物群落组成相较于发酵初期的

F7.0、F9.0 则变化较小。说明较低的 TS 浓度不仅大幅改变了细菌微生物群落结构，也改变了古菌微生物群落构成。

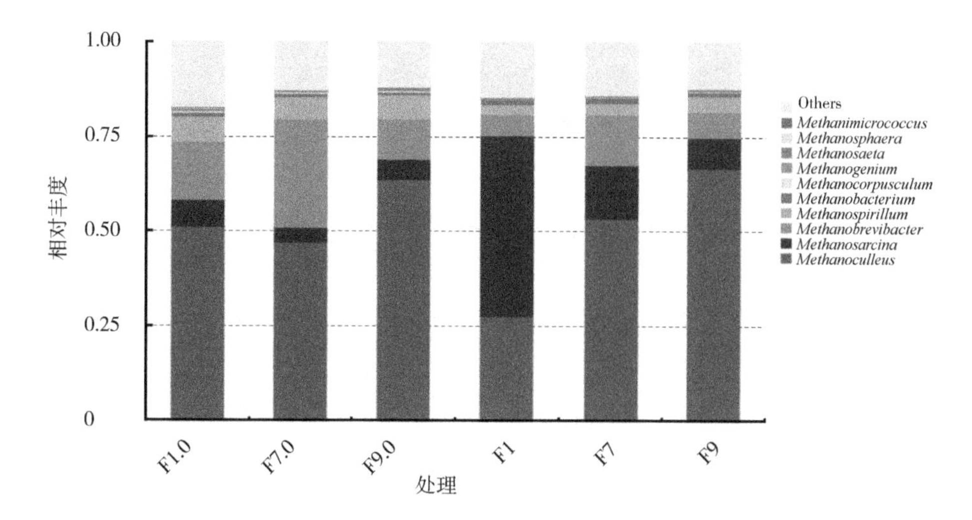

图 3-19　奶牛粪和番茄秧厌氧发酵过程中古菌组成相对丰度

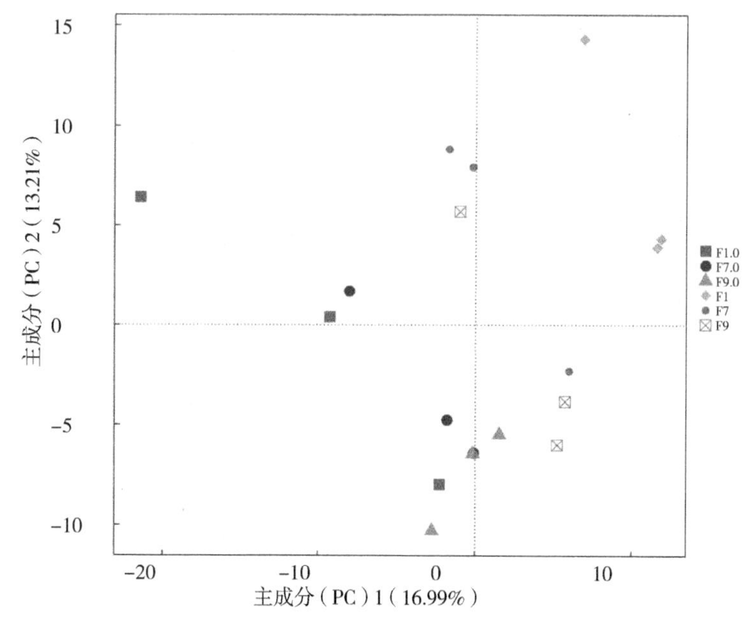

图 3-20　奶牛粪和番茄秧厌氧发酵过程中古菌主成分分析

三、小结

1）奶牛粪和番茄秧不同浓度混合物料厌氧发酵，TS浓度为25%的处理单位VS甲烷累积产量最高，达到117.4 mL/g VS，与其他处理相比较提高0.2～2.43倍。湿发酵、半干发酵和干发酵3组处理都随着TS浓度的增加，甲烷累积产量呈增高趋势。本研究TS浓度越高，单位体积甲烷产率越高，TS浓度为25%的处理具有最高单位体积甲烷产率，为5.8 $m^3_{methane}/m^3_{reactor\ volume}$。

2）奶牛粪和番茄秧厌氧发酵，各处理的单位VS甲烷累积产量都偏低。辅料番茄秧VS/TS较低，奶牛粪和番茄秧都含有大量的全纤维素（由纤维素和半纤维素组成），含量分别为48.5%和37.5%，与其他易于降解的物料相比，这可能导致较长的厌氧反应时间和较低的沼气产量。

3）VFAs/ALK被认为是监测厌氧发酵反应体系稳定的可靠参数，TS浓度为6%的处理最终VFAs/ALK达到1.32，且最终VFAs浓度较高（5.8 g/kg），表明系统已经严重酸化且极不稳定，并导致了该处理单位VS甲烷累积产量极低。该研究TS浓度为8%的处理系统也有酸化趋势。

4）对TS浓度为6%、20%和25%的处理细菌和古菌微生物群落分析表明，*Firmicutes*和*Bacteroidetes*是优势细菌。产气高峰期，TS浓度为6%、20%和25%的*Firmicutes*相对丰度分别达到38.12%、48.74%和43.84%，TS浓度为6%的处理显著低于TS浓度为20%和25%的处理。*Methanoculleus*是优势古菌，TS浓度为6%、20%和25%的处理*Methanoculleus*相对丰度分别为27.70%、53.45%和66.80%，随着TS浓度的增加，相对丰度呈增高趋势，与甲烷累积产量相一致。

第四节　新型高效反应器组合系统处理奶牛养殖废水技术

随着人们生活水平的提高，牛奶产品需求量也在不断增加，近年来，我国奶牛养殖业蓬勃发展。2007年上半年，全国奶牛存栏数已达到1429万头（王会群 等，2009），按照每头成年奶牛日排粪量为25 kg、排尿量为30 kg计算（张克强 等，2004），全国奶牛养殖场每年废弃物排放量达到近8万吨。

大量粪水随意排放，严重污染了养殖场周边环境及地下水，威胁着奶牛场附近居民的身体健康（孙小菊 等，2009）。

生物巢厌氧反应器是一种以生物巢材料作为载体的新型高效厌氧反应器，该生物巢材料由黑色硬质 PVC 管棒削制成由多个拱形结构构成的长螺旋带状结构，宽为 1.5 cm，厚为 0.15 ～ 0.21 mm；表面积为 2800 ～ 3000 m^2/m^3，有利于菌群的吸附及生长；同时因该材料比重和水相差不大，随进水在厌氧反应器内会自动漂浮，增加了与废水的接触，提高了效率。本试验采用一种新型高效反应器组合系统处理奶牛养殖场废水。研究该系统对奶牛养殖场废水的处理效果，旨在为该系统的推广应用奠定基础。

一、材料与方法

1. 试验进水水质

本试验主要在实验室进行，进水取自山东省农业科学院畜牧兽医研究所奶牛场，该奶牛场目前有 300 头奶牛，奶牛场内粪便采用干清粪方式处理，奶牛场内设挤奶厅，试验期间进水的组成和主要水质指标如表 3-15、表 3-16 所示。

表 3-15　试验期间进水组成

奶牛场废水来源	每天冲刷次数	温度 /℃	废水主要组成
奶罐冲洗水	2	60	牛奶
地面冲洗水	2	25	牛粪、尿、奶
奶牛活动场牛尿冲洗水	2	25	牛粪、尿
混合水样		16 ～ 30	牛粪、尿、奶

表 3-16　试验期间进水水质

指标	单位	进水指标范围
pH	—	7.22 ～ 7.40
化学需氧量（COD）	mg/L	2048 ～ 12 828
生化需氧量（BOD）	mg/L	685 ～ 2663
氨氮（NH_3-N）	mg/L	59.5 ～ 138.0
总磷（TP）	mg/L	90 ～ 216
总固体悬浮物（TSS）	mg/L	1192 ～ 7823

2. 试验装置设计

挤奶厅冲洗水先在集水池沉淀后进入调节池，通过蠕动泵进入反应器R1，反应器R1和R2通过管道连接，厌氧发酵完后的沼液流入沼液池，沼液池中的沼液通过泵进入砂式沼液处理池，由水量控制开关和继电器控制进水水量和进水次数。试验装置如图3-21所示。

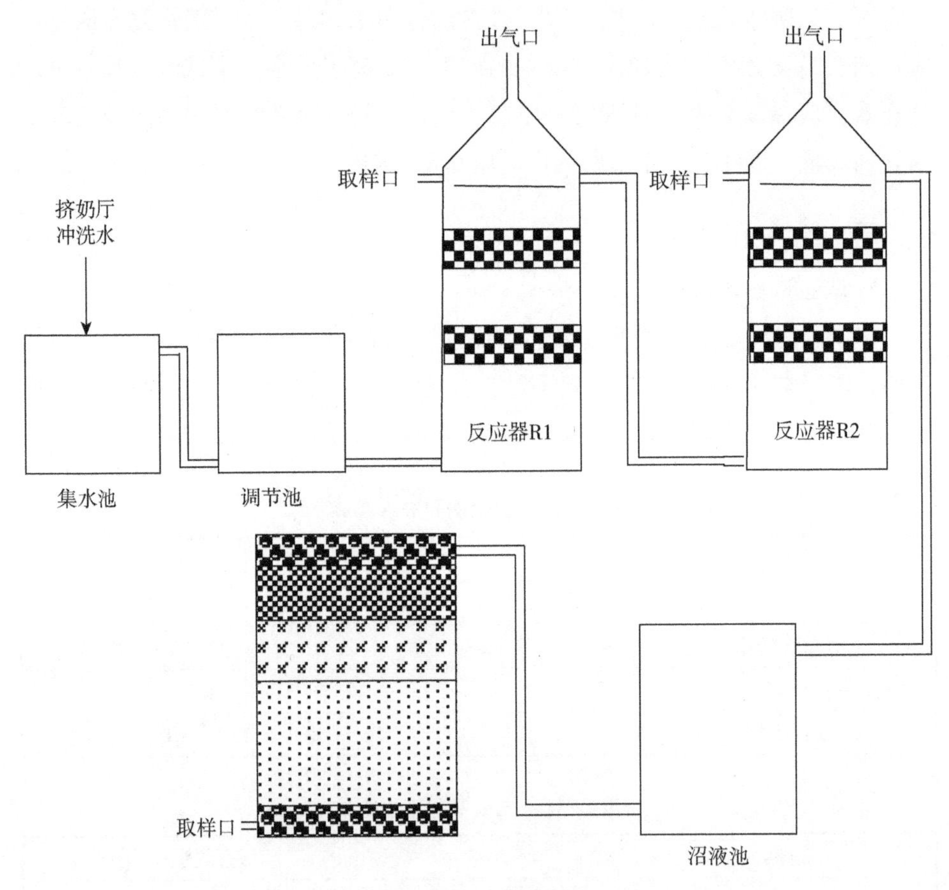

图3-21 试验装置

两级组合生物巢厌氧反应器内部设两层生物巢材料作为微生物载体，砂式沼液处理池上层铺有粒径为1.5～2.5 cm的卵石，水管设在卵石间，使沼液进水布水均匀，下层铺有卵石以方便排水，中间三层为不同粒径砂层，自上

而下由粗到细，各层不均匀系数小于4.0。水力负荷严格控制为0.04 $m^3·m^{-2}·d^{-1}$，使沼液不会堵塞砂式沼液处理池。

3. 装置的启动及运行

生物巢厌氧反应器的启动时间需要2周，40天后系统才能达到稳定运行状态，砂式沼液处理池稳定运行需要10天。本试验稳定运行时间从2009年6月1日至2009年12月31日，共214天，为了更好地验证该厌氧反应器处理奶牛场废水的试验效果，试验期间废水取自奶牛场实际废水，废水指标一直在变化。

本试验装置置于室内，温度值在整个试验期间略有不同，冬季因室内温度较低，采用保温措施：8月1日至10月29日为18～30 ℃，10月30日至11月11日为16～26 ℃，11月12日至12月31日采用保温措施，温度为20～26 ℃。

4. 检测项目及方法

检测项目及方法如表3–17所示。试验运行期间，每2～4天取水样一次，每次取300 mL，每个测定指标重复测定3次。

表3–17 试验测定项目及方法

检测项目	检测方法
pH	台式pH计（PHS–3C型）
沼气产量	湿式气体流量计（LMF–2）
沼气中甲烷含量	气相色谱仪（岛津2100）
化学需氧量（COD）	COD测定仪（DR/1010）
生化需氧量（BOD）	美国哈希BOD测定仪（BODTrakTM）
氨氮（NH_3–N）	纳氏试剂比色法
总磷（TP）	钼酸铵分光光度法
总固体悬浮物（TSS）	不可滤残渣烘干法
温度	温度计（TES–1319）

二、结果与讨论

1. 有机物的去除

试验期间，整个系统运行稳定，进水、生物巢厌氧反应器出水和砂式沼液处理池出水的化学需氧量（COD）和生化需氧量（BOD）体积质量随时间变化如表 3-18、图 3-22 至图 3-24 所示，COD 的平均去除率为 97.6%，BOD 的平均去除率为 98.2%。

表 3-18　试验期间新型高效处理系统总平均去除率

项目	进水浓度 /（mg/ L）		出水浓度 /（mg/ L）		去除率	
	平均值	标准偏差	平均值	标准偏差	平均值	标准偏差
化学需氧量（COD）	5259.5	2995.7	89.0	24.6	97.6%	0.9%
生化需氧量（BOD）	1705.7	629.0	27.1	5.5	98.2%	0.7%
氨氮（NH_3-N）	88.9	22.5	15.7	2.4	81.3%	6.0%
总磷（TP）	130.1	37.0	18.3	5.0	85.7%	2.2%
总固体悬浮物（TSS）	3233.0	1972.0	64.9	45.3	98.1%	0.8%

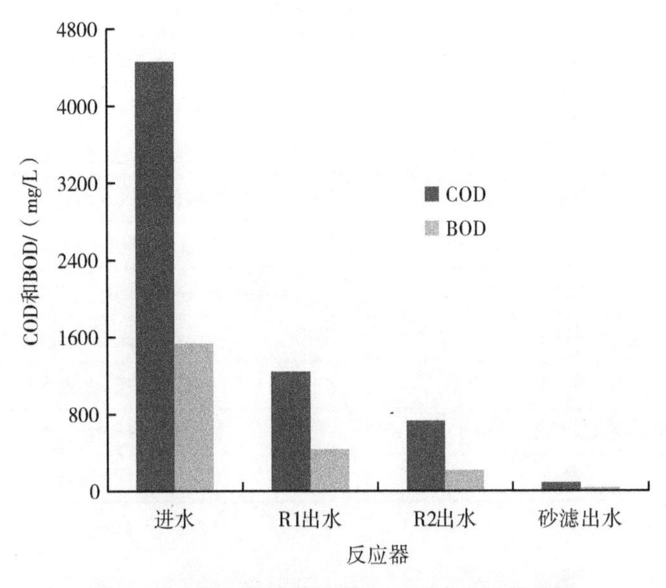

图 3-22　进水及不同阶段 COD 和 BOD 出水值

（两级组合生物巢厌氧反应器水力停留时间为 15 h，反应器 R1 的 COD 负荷为 14.3 g · L^{-1} · d^{-1}）

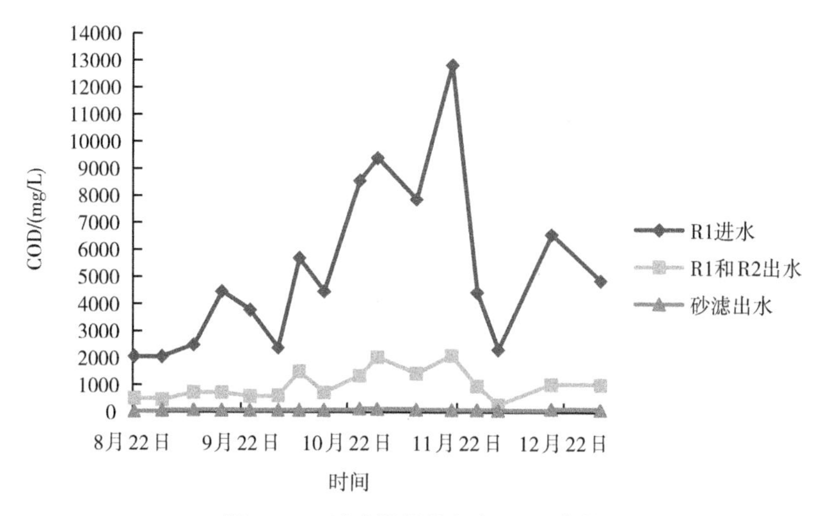

图 3-23　试验期间进出水 COD 变化

（两级组合生物巢厌氧反应器水力停留时间为 15 h，反应器 R1 的 COD 负荷为 6.55～41.04 g · L^{-1} · d^{-1}）

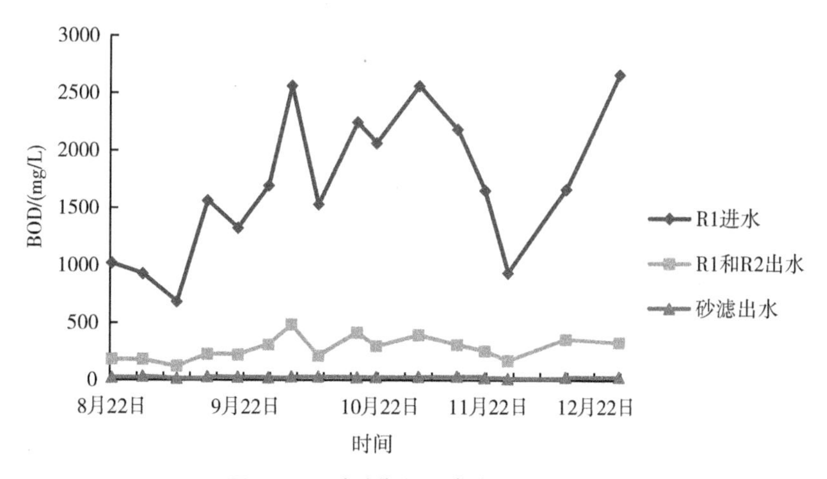

图 3-24　试验期间进出水 BOD 变化

（两级组合生物巢厌氧反应器水力停留时间为 15 h，反应器 R1 的 COD 负荷为 6.55～41.04 g · L^{-1} · d^{-1}）

奶牛场废水先经过两级组合生物巢厌氧反应器，去除大部分的有机物。

在两级组合生物巢厌氧反应器水力停留时间为 15 h，反应器 R1 的化学需氧量负荷为 6.55 ～ 41.04 g・L^{-1}・d^{-1} 时，COD 由平均进水体积质量 5259.5 mg/L 降至 1003 mg/L，去除率为 80.9%，而 BOD 由平均进水体积质量 1705.7 mg/L 降至 281 mg/L，去除率为 83.5%，可见该两级组合生物巢厌氧反应器在非常短的水力停留时间下，能达到高的有机物去除率。分析其原因一方面是厌氧反应装置内设置两层生物巢材料作为微生物载体，大大提高了产甲烷菌的活性，提高了污泥的停留时间；另一方面是生物巢材料结构特殊，为多个拱形结构构成的长螺旋带状结构，具有很大的比表面积（2800 ～ 3000 m^2/m^3），可以富集大量微生物，因此该两级组合生物巢厌氧反应器可对水中有机物进行高效去除。

砂式沼液处理池对两级组合生物巢厌氧反应器出水的净化主要通过砂滤料的机械截流作用和砂粒表面生物膜的接触絮凝、生物氧化作用，达到去除沼液中有机物的目的。沼液经过该系统后，出水体积质量 COD 为由 1003 mg/L 降至 89 mg/L，BOD 由 281 mg/L 降至 27.1 mg/L，COD 和 BOD 去除率分别达到 91.1% 和 90.4%，出水可以达到污水排放二级标准，可有效解决当前国内普遍存在的大多数沼气工程沼液无法消纳而造成的二次污染问题。

图 3-22 是反应器 R1 的 COD 负荷为 14.3 g・L^{-1}・d^{-1} 时，该新型高效反应器组合系统各阶段进水和出水的 COD、BOD 变化情况。可以看出，奶牛养殖场废水经两级组合生物巢厌氧反应器 R1 后，COD 由 4460 mg/L 降至 1238 mg/L，然后经 R2，COD 由 1238 mg/L 降至 726 mg/L，最后经砂式沼液处理池，COD 由 726 mg/L 降至 83 mg/L，厌氧反应器 R1、R2 和砂式沼液处理池对奶牛养殖场废水 COD 的去除率分别为 72.2%、41.4% 和 88.6%。同样，经三者反应后，BOD 由 1532 mg/L 降至 631 mg/L，然后降至 212 mg/L，最后降至 29 mg/L，厌氧反应器 R1、R2 和砂式沼液处理池对奶牛养殖场废水 BOD 的去除率分别达到为 71.9%、50.8% 和 86.3%。两级组合生物巢厌氧反应器 R1 对 COD 和 BOD 的去除率明显高于 R2，在此厌氧发酵反应过程中，反应器 R1 占主导地位，反应器 R2 主要起辅助厌氧发酵的作用。

2. 氨氮（NH_3–N）的去除

如表 3-18 和图 3-25 所示，试验期间，新型高效奶牛养殖场废水处理系

统进水和出水氨氮（NH_3-N）的体积质量平均值分别为 88.9 mg/L 和 15.7 mg/L，平均去除率为 81.3%。

奶牛养殖场废水经两级组合生物巢厌氧反应器后，氨氮（NH_3-N）的平均进水体积质量由 88.9 mg/L 降至 41.7 mg/L，去除率为 53.1%，测得试验期间两级组合生物巢厌氧反应器中溶解氧（DO）的变化如图 3-26 所示，分析两级组合生物巢厌氧反应器能去除部分氨氮的原因，一方面是系统中的溶解氧范围在 0.18 ～ 0.6 mg/L，当溶解氧在 0.5 mg/L 左右时，系统中硝化细菌具有一定的活性，可以进行硝化反应以去除氨氮（黄志金 等，2010），而厌氧反应器的溶解氧变化或稍微升高对厌氧反应器处理效果影响甚微（朱勇 等，2007）；另一方面可能是部分氨氮进入到沼渣中，未随出水排出。

砂式沼液处理池对氨氮的平均去除率为 62.4%，在废水进入砂式沼液处理池的过程中，废水中微生物会附着在砂粒上，靠自身分泌的胶体黏液留在砂粒表面（方平 等，2006），微生物在砂粒较粗糙的表面上形成生物膜，微生物膜之间存在着生物絮体，使砂式沼液处理池具有较强的接触絮凝和生物氧化作用，通过生物氧化作用去除部分氨氮。另外在砂层区域形成缺氧、好氧的微环境，氨氮在好氧微环境中被硝化菌氧化为亚硝酸盐氮和硝酸盐氮，硝酸盐氮在反硝化菌的作用下被转化为 NO、N_2 而被去除（龙用波 等，2007）。

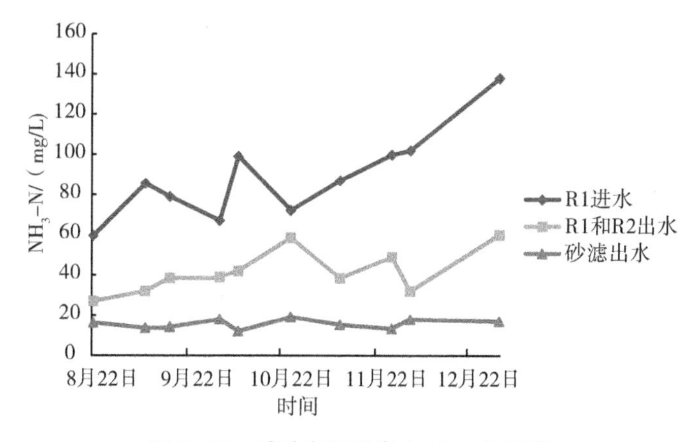

图 3-25 试验期间进出水 NH_3-N 变化

（两级组合生物巢厌氧反应器水力停留时间为 15 h，反应器 R1 的 COD 负荷为 6.55 ～ 41.04 g·L^{-1}·d^{-1}）

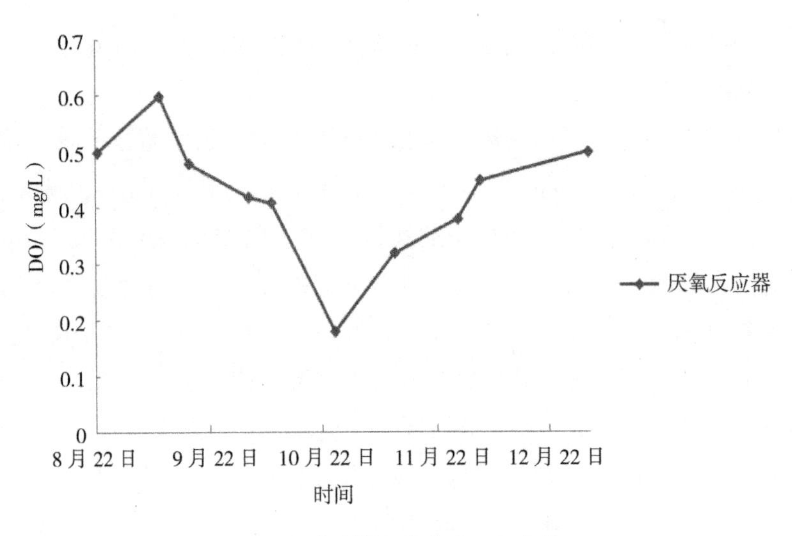

图 3-26　试验期间进出水 DO 变化

（两级组合生物巢厌氧反应器水力停留时间为 15 h，反应器 R1 的 COD 负荷为 6.55～41.04 $g \cdot L^{-1} \cdot d^{-1}$）

3. 总磷（TP）的去除

如表 3-18 和图 3-27 所示，试验期间，新型高效奶牛养殖场废水处理系统进水总磷体积质量平均为 130.1 mg/L，出水总磷体积质量平均为 18.3 mg/L，平均去除率为 85.7%。废水中的磷主要来自奶牛粪尿、挤奶厅冲洗水洗涤剂，主要以溶解态和颗粒态存在。两级组合生物巢厌氧反应器对总磷的平均去除率为 41.7%，在厌氧反应过程中，由于微生物的代谢作用，导致微环境发生变化，使得废水中的部分溶解性磷酸盐化学性地沉积于污泥上而从废水中除去，即生物具有诱导化学沉淀的辅助作用（吴克谦，2007）。厌氧反应器出水总磷体积质量平均为 75.9 mg/L，经砂式沼液处理池后降低至 18.3 mg/L，去除率为 75.9%，砂式沼液处理池对磷的去除主要包括微生物的生物化学作用及砂粒基质的吸附（Reddy et al., 1999）、络合和沉淀作用（张颖，2006）。在沼液进入砂式沼液处理池的过程中，与处理池中的砂石直接接触，废水中的可溶性磷酸盐与砂石中的金属离子等发生吸附和沉淀反应，生成难溶性磷酸盐而固定下来，从而达到去除磷的目的。砂式沼液处理池建于室外，平时下雨会对

砂石有一定的冲刷，起到一定的清洗功能，但砂式沼液处理池使用2年后，应进行人工维护，以防止堵塞。奶牛养殖场废水经过该系统后出水TP不能达到排放标准，有待进一步试验研究。

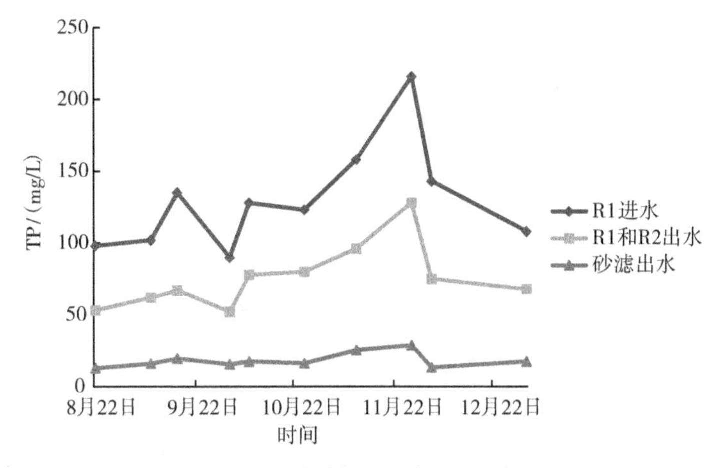

图 3-27 试验期间进出水 TP 变化

（两级组合生物巢厌氧反应器水力停留时间为15 h，反应器R1的COD负荷为6.55～41.04 g·L^{-1}·d^{-1}）

4. 总固体悬浮物（TSS）的去除

试验期间，新型高效奶牛养殖场废水处理系统对废水中总固体悬浮物（TSS）有着非常好的去除效果，平均去除率达到98.1%，该系统进水、两级组合生物巢厌氧反应器出水和砂式沼液处理池出水的总固体悬浮物（TSS）的变化情况如图3-28所示。生物巢厌氧反应器对TSS有很好的吸附和截留作用，因水力停留时间（HRT）短，水流快，废水在生物巢厌氧反应器中与生物巢材料表面形成的生物膜充分接触，大量悬浮物被有效去除，去除率达到89.4%，砂式沼液处理池对TSS的去除率为81.2%，砂式沼液处理池主要是依靠被微生物膜覆盖的滤料表面对TSS进行吸附和截留（吴树彪 等，2009），进而通过微生物氧化和胞外酶降解吸附有机物。

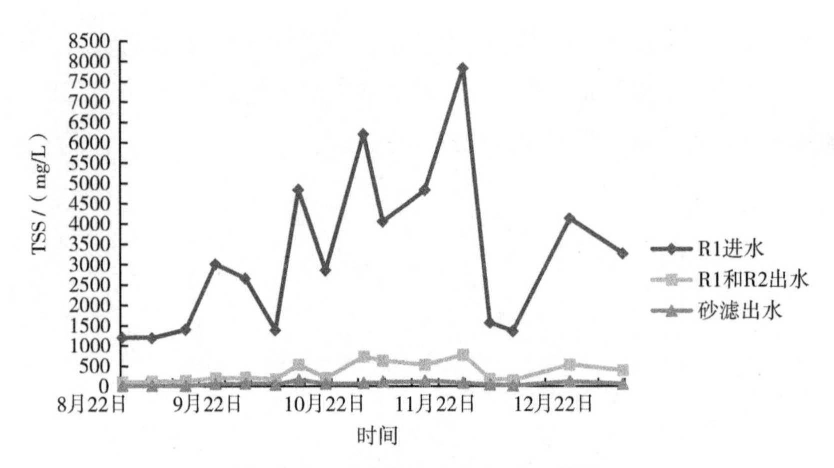

图 3-28 试验期间进出水 TSS 变化

（两级组合生物巢厌氧反应器水力停留时间为 15 h，反应器 R1 的 COD 负荷为 6.55～41.04 $g·L^{-1}·d^{-1}$）

三、结论

1）新型高效奶牛养殖场废水处理系统是一种针对养殖场废水处理设计的处理效率高、污染物去除效果好的系统，由两级组合生物巢厌氧反应器和砂式沼液处理池组合而成，适合于处理大中小型养殖场废水处理。

2）该系统处理奶牛养殖废水速度快，两级组合生物巢厌氧反应器以生物巢材料作为载体，水力停留时间（HRT）仅为 15 h，处理效率高，砂式沼液处理池每层砂的不规则系数小于 4.0，水力负荷严格控制 0.04 $m^3·m^{-2}·d^{-1}$，保证了该装置不会堵塞。

3）新型高效反应器组合系统对化学需氧量（COD）、生化需氧量（BOD）、氨氮（NH_3-N）和总固体悬浮物（TSS）的平均去除率分别为 97.6%、98.2%、81.3% 和 98.1%。出水体积质量平均值分别为 89.0、27.1、15.7 和 64.9 mg/L，满足国家二级排放标准。

参考文献

[1] APPELS L, BAEYENS J, DEGRÈVE J, et al. Principles and potential of the anaerobic digestion of waste-activated sludge [J]. Progress in energy and combustion science, 2008, 34(6): 755-781.

[2] ARHOUN B, VILLÉN G M, BAKKALI A, et al. Influence of alkalinity addition on biomethanization of fruit and vegetable waste and sewage sludge performance[J]. Batch study, 2014.

[3] CHEN X, YAN W, SHENG K C. Sanati M. Comparison of high-solids to liquid anaerobic co-digestion of food waste and green waste [J]. Bioresourse technology, 2014, 154: 215–221.

[4] CHEN Y, CHENG J J, CREAMER K S. Inhibition of anaerobic digestion process: A review [J]. Bioresourse technology, 2008, 99: 4044–4064.

[5] DEMIREL B, YENIGÜN O. The effects of change in volatile fatty acid (VFA) composition on methanogenic upflow filter reactor (UFAF)performance[J]. Environmental technology letters, 2002, 23(10): 1179-1187.

[6] GE X, XU F, LI Y. Solid-state anaerobic digestion of lignocellulosic biomass: Recent progress and perspectives [J]. Bioresource technology, 2016, 205: 239-249.

[7] GIRAULT R, BRIDOUX G, NAULEAU F, et al. Anaerobic co-digestion of waste activated sludge and greasy sludge from flotation process: Batch versus CSTR experiments to investigate optimal design [J]. Bioresource technology, 2012, 105 (2): 1-8.

[8] HE Y, PANG Y, LIU Y, LI X, et al. Physicochemical characterization of rice stover pretreated with sodium hydroxide in the solid state for enhancing biogas yield [J]. Energ fuel, 2008, 22: 2775-2781.

[9] KOTSOPOULOS T A, KARAMANLIS X, DOTAS D, et al. The impact of different natural zeolite concentrations on the methane production in thermophilic anaerobic digestion of pig waste[J]. Biosystems engineering, 2008, 99(1): 105-111.

[10] LAHAV O, MORGAN B E. Titration methodologies for monitoring of anaerobic digestion in developing countries-a review [J]. Journal of chemical technology & biotechnology, 2004, 79(12): 1331-1341.

[11] LI D, SUN J, CAO Q, et al. Recovery of unstable digestion of vegetable waste by adding trace elements using the bicarbonate alkalinity to total alkalinity ratio as an

early warning indicator[J]. Biodegradation, 2019, 30(1): 87-100.

[12] LI L, HE Q, WEI Y, et al. Early warning indicators for monitoring the process failure of anaerobic digestion system of food waste[J]. Bioresource technology, 2014, 171: 491-494.

[13] LI Y Y, LI Y, ZHANG D F, et al. Solid state anaerobic co-digestion of tomato residues with dairy manure and corn stover for biogas production [J]. Bioresource technology, 2016, 217: 50-55.

[14] LI Y Y, MANANDHAR A, LI G X, et al. Life cycle assessment of integrated solid state anaerobic digestion and composting for on-farm organic residues treatment [J]. Waste management, 2018, 76: 294-305.

[15] LI Y Y, WANG Y Q, YU Z H, et al. Effect of inoculum and substrate/inoculum ratio on the performance and methanogenic archaeal community structure in solid state anaerobic co-digestion of tomato residues with dairy manure and corn stover [J]. Waste management, 2018, 81:117-127.

[16] LIEW L N, SHI J, LI Y B. Methane production from solid-state anaerobic digestion of lignocellulosic biomass[J]. Biomass and bioenergy, 2012, 46(11):125-132.

[17] LIN Y Q, GE X M, LI Y B, et al. Solid-state anaerobic co-digestion of spent mushroom substrate withyard trimmings and wheat straw for biogas production[J]. Bioresource technology, 2014, 169: 468-474.

[18] LIN Y Q, GE X M, LIU Z, et al. Integration of shiitake cultivation and solid-state anaerobic digestion for utilization of woody biomass[J]. Bioresource technology, 2015, 182: 128-135.

[19] LIU H, HAN P, LIU H B, et al. Full-scale production of VFAs from sewage sludge by anaerobic alkaline fermentation to improve biological nutrients removal in domestic wastewater[J]. Bioresource Technology, 2018, 260: 105-114.

[20] MAHDY A, FOTIDIS I A, MANCINI E, et al. Ammonia tolerant inocula provide a good base for anaerobic digestion of microalgae in third generation biogas process[J]. Bioresourse technology, 2017, 225: 272-278.

[21] MOGHADDAM S A, HARUN R, MOKHTAR M N, et al. Potential of zeolite and algae in biomass immobilization[J]. BioMed research international, 2018:6563196.

[22] PARK S, LI Y B. Evaluation of methane production and macronutrient degradation

in the anaerobic co-digestion of algae biomass residue and lipid waste[J]. Bioresource technology, 2012, 111: 42-48.

[23] REDDY K R, KADLEC R H, FLAIG E, et al.Phosphorus retention in streams and wetlands:a review[J].Critical review in environmental science technology, 1999, 29(1): 83-146.

[24] SERRANO A, SILES J A, CHICA A F, et al. Anaerobic co-digestion of sewage sludge and strawberry extrudate under mesophilic conditions[J]. Environmental technology, 2014, 35(21-24): 2920-2927.

[25] SHEN F, YUAN H, PANG Y, et al. Performances of anaerobic co-digestion of fruit & vegetable waste (FVW) and food waste (FW): single-phase vs. two-phase[J]. Bioresource technology, 2013, 144: 80-85.

[26] THAMSIRIROJ T, MURPHY J D. Can rape seed biodiesel meet the European Union sustainability criteria for biofuels[J]. Energy & Fuels, 2010, 24(3): 1720-1730.

[27] WANG X, ZHANG L, XI B, et al. Biogas production improvement and C/N control by natural clinoptilolite addition into anaerobic co-digestion of phragmites australis, feces and kitchen waste[J]. Bioresource technology, 2015: 192-199.

[28] WANG Y Y, LI G X, CHI M H, et al. Effects of co-digestion of cucumber residues to corn stover and pig manure ratio on methane production in solid state anaerobic digestion[J]. Bioresource technology, 2018, 250: 328-336.

[29] WU Q L, GUO W Q, ZHENG H S, et al. Enhancement of volatile fatty acid production by co-fermentation of food waste and excess sludge without pH control: the mechanism and microbial community analyses[J]. Bioresource technology, 2016, 216: 653-660.

[30] WU S, DONG R, ZHAI X, et al.Northern rural domestic sewage treatment by integrated household constructed wetlands[J]. Transactions of the CSAE, 2009, 25(11): 282-287.

[31] XU F Q, LI Y Y, GE X. M, et al. Anaerobic digestion of food waste-challenges and opportunities[J]. Bioresource technology, 2017, 247: 1047-1058.

[32] YE C, CHENG J J, CREAMER K S. Inhibition of anaerobic digestion process: A review[J]. Bioresource technology, 2008, 99(10): 4044-4064.

[33] YUE Z B, CHEN R, YANG F, et al. Effects of dairy manure and corn stover

co-digestion on anaerobicmicrobes and corresponding digestion performance [J]. Bioresource technology, 2013, 128: 65-71.
[34] ZHANG E L, LI J F, ZHANG K Q, et al. Anaerobic digestion performance of sweet potato vine and animal manure under wet, semi-dry, and dry conditions[J]. AMB express, 2018, 8(1): 45-54.
[35] ZHONG W Z, ZHANG Z Z, LUO Y J, et al. Effect of biological pretreatment in enhancing corn straw biogas production[J]. Bioresource technology, 2011, 102(24): 11177-11182.
[36] 陈广银，郑正，常志州，等 .NaOH 处理对互花米草高温干式厌氧发酵的影响 [J]. 环境科学 , 2011, 32(7): 2158-2163.
[37] 方平，陆少鸣，刘姣，等 . 生物砂滤池对有机物和氨氮的去除 [J]. 环境科学与技术 , 2006, 29(12): 73-80.
[38] 冯洋洋，杨跃，王宏杰，等 . 混合碱和沸石联用对初沉污泥厌氧发酵性能的影响 [J]. 环境工程学报 , 2018, 12(3): 8.
[39] 黄志金，黄光团，史春琼，等 . 溶解氧对膜生物反应器处理高氨氮废水的影响 [J]. 环境科学与技术 , 2010, 33(1): 138-145.
[40] 李国光，田瑞华，韩文彪，等 . 沸石吸附城市有机废弃物厌氧发酵沼液氨氮研究 [J]. 水处理技术 , 2019(12): 42-45.
[41] 李颖 . 丙酸产甲烷菌系的驯化过程及生物强化作用研究 [D]. 北京：中国农业大学 , 2017.
[42] 刘荣厚，王远远，孙辰，等 . 蔬菜废弃物厌氧发酵制取沼气的试验研究 [J]. 农业工程学报 , 2008, 24(4): 219-223.
[43] 龙用波，邓仕槐，朱春兰 . 膜生物反应器 MBR 处理畜禽废水的效果研究 [J]. 农业环境科学学报 , 2007, 26 (增刊): 418- 422.
[44] 罗娟，张玉华，陈羚，等 .CaO 预处理提高玉米秸秆厌氧消化产沼气性能 [J]. 农业工程学报 , 2013, 29(15): 192-199.
[45] 孙小菊，潘喜平 . 基于厌氧处理的畜禽养殖废水处理与资源化利用 [J]. 漯河职业技术学院学报 , 2009, 8(5): 4-5.
[46] 王冲，彭祚登，杨欣超，等 . 用作燃料乙醇原料的刺槐无性系木质纤维素成分研究 [J]. 中南林业科技大学学报 , 2015, 35(6): 124-127.
[47] 王会群，高腾云，傅彤，等 . 奶牛集约化生产体系中磷污染的研究进展 [J]. 江西农业学报 , 2009, 21(9): 147-149.

[48] 魏宗强，罗一鸣，吴绍华，等．添加沸石对鸡粪高温堆肥磷钾径流及淋洗损失的影响 [J]. 农业环境科学学报，2012, 31(12): 7.

[49] 吴克谦．奶牛养殖要重视环境保护 [J]. 中国动物保健，2007(11): 2.

[50] 吴树彪，董仁杰，翟旭，等．组合家庭人工湿地系统处理北方农村生活污水．农业工程学报，2009, 25(11): 282-287.

[51] 余道道，孙敬起，霍唐燃，等．沸石载体恢复受饥饿影响厌氧氨氧化菌的性能研究 [J]. 北京大学学报（自然科学版），2021, 57(3): 507-516.

[52] 张克强，高怀友．畜禽养殖业污染物处理与处置 [M]. 北京：化学工业出版社，2004: 167-169.

[53] 张艳，汪建旭，冯炜弘，等．娃娃菜废弃物厌氧发酵制取沼气的小试和中试 [J]. 中国沼气，2015, 33(5): 57-62.

[54] 张颖．猪场废水厌氧除磷工艺研究 [D]. 北京：中国农业科学院，2006.

[55] 朱勇，张选军，张亚雷，等．溶解氧对厌氧颗粒污泥活性的影响 [J]. 环境科学，2007, 28(4): 781-785.

第四章

畜禽粪污好氧堆肥技术

第一节　好氧堆肥原料优化配伍

一、配伍原则

随着我国社会经济的快速发展和人民生活水平的提高，对肉、蛋、奶等畜产品的消费需求量大增。市场的需要和农业现代化整体水平的迅速提升，促进了畜禽养殖业的大跨步发展。我国畜禽养殖业正由过去一家一户式的分散养殖方式向集约化、工厂化、规模化方式迅速转变。这种养殖方式的转变使大量农民从家庭散户进入养殖场，农民收入水平显著提升；逐步提高了技术水平，与欧美领先水平的差距逐渐缩小，涌现出了一大批畜禽养殖业龙头企业；大大提高了生产效率，不断满足日益扩大的市场需求。但是作为全链条产业，目前我国的规模化畜禽养殖业往往对养殖场废弃物的产生、处理、排放及资源化利用等后端部分重视不足，由此带来了一系列的问题。畜禽粪污等废弃物含有丰富的有机质及氮、磷等营养物质，如果未经处理或处理不当随意排放，除了给周边环境造成严重的面源污染问题，还将受到环保部门处罚，给企业造成严重的经济损失和带来严重的负面影响；而如果通过好氧堆肥等办法合理处置，将畜禽粪污转化为优质有机肥，不仅可创造可观的经济价值，而且可减少 CO_2、NO_2 等温室气体排放总量，具有显著的生态效益。

通过调控有机物料水分和碳氮比等条件，使微生物繁殖并分解有机物，将堆肥原料中不稳定的有机物，通过高温好氧发酵，逐步降解为性质稳定、对作物无害或改良土壤的堆肥产品。本试验的目的是充分挖掘当地畜禽粪污

等农牧业废弃物资源潜力，并综合考虑原料易得性、经济性，优化各有机资源的配比，提高牛粪发酵腐熟度和堆肥产品质量。

二、试验方案

1. 试验材料

试验于 2021 年 10—12 月在山东省东营市某农业开发有限公司堆肥场内进行，根据当地有机资源禀赋，选用牛粪、菌渣和玉米秸秆作为堆肥原料。牛粪取自当地养殖户，玉米秸秆取自当地农户，菌渣取自当地食用菌企业；发酵菌剂为复合菌剂（由芽孢杆菌、放线菌、木霉等多种有益微生物复合复配而成）。

2. 试验设计

本试验共设 4 个处理，具体设计如下：

处理 1：100% 牛粪（YP1）；

处理 2：85% 牛粪 +15% 玉米秸秆（YP2）；

处理 3：85% 牛粪 +15% 菌渣（YP3）；

处理 4：80% 牛粪 +10% 玉米秸秆 +10% 菌渣（YP4）。

上述各物料比例均为重量比。

3. 试验操作

堆肥前，将玉米秸秆和菌渣粉碎到 1.0 ～ 2.0 cm，然后将牛粪与粉碎好的秸秆、菌渣混合，再加入水分和发酵菌剂等，充分混合，调节混合物料初期含水量为 60%。堆成高约 1 m 的堆肥，每 3 ～ 7 天翻堆一次。持续发酵 2 个月。

4. 样品采集、测试与分析

堆肥结束后，采用 5 点法在堆肥不同部位取样一次，取样量为 300 g 左右，样品混合均匀，备用。

取回来的样品主要检测以下指标：

pH 和 EC 值用电位法测定；

有机质采用外加热重铬酸钾法测定，氮、磷、钾用浓 H_2SO_4 –H_2O_2 消煮后分别采用凯氏定氮法、钼锑抗比色法和火焰光度计法测定。

发芽指数（*GI*）：新鲜堆肥样品和去离子水按固液比为 1 ∶ 10（质量∶体积）加入一定量的去离子水，在 200 r/min 的速度下振荡浸提 1 h，将其离心（4000 r/min）10 min，过滤，吸取 5 mL 滤液于铺有滤纸的 9 cm 培养皿内，均匀放入 20 颗白菜种子，在 28 ℃黑暗的培养箱中培养 48 h 后，取出计算发芽率、测定油菜根长，每个样品重复做 3 次，同时用蒸馏水做空白对照。按照式（4–1）计算：

GI=（堆肥浸提液的种子发芽率 × 根长）×100%÷（蒸馏水的种子发芽率 × 根长）。　　（4–1）

三、结果与分析

1. 不同物料配比对堆肥 pH 的影响

在堆肥过程中 pH 是一个重要的因素，一般 pH 为 5 ～ 9 都可以进行堆肥。从图 4–1 可以看出，所有处理的 pH 为 8.48 ～ 8.74，其中 YP3、YP4 处理的 PH 显著降低，这说明在堆肥中添加菌渣可以降低堆肥 pH。

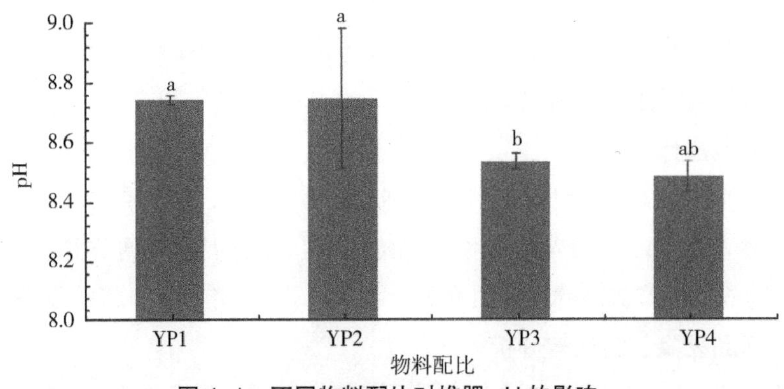

图 4–1　不同物料配比对堆肥 pH 的影响

（注：不同小写字母表示不同处理在 $P < 0.05$ 水平差异显著，余同）

2. 不同物料配比对堆肥 EC 值的影响

EC 值是堆肥质量高低的一个重要指标，过高 EC 值会影响作物生长。从图4–2可以看出，每个处理的EC值不一样。相比 YP1 处理，YP2 处理降低了 EC 值，降低了 8.1%；而 YP3 和 YP4 处理增加了 EC 值，分别增加了 8.3% 和 10.4%。这说明堆肥中添加玉米秸秆可以降低堆肥 EC 值，而添加菌渣会升高堆肥 EC 值。

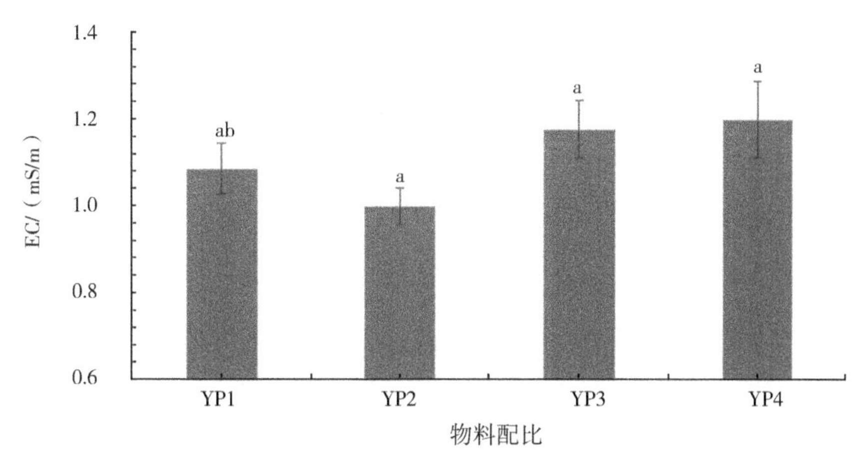

图 4–2　不同物料配比对堆肥 EC 值的影响

3. 不同物料配比对堆肥有机质含量的影响

有机质是微生物在分解有机物料中半纤维素、纤维素等的产物，是评估堆肥质量高低的重要指标。从图 4–3 可以看出，相比 YP1 处理，YP2、YP3 和 YP4 处理均增加了堆肥有机质含量，分别增加了 58%、160% 和 169%。这说明牛粪堆肥中添加玉米秸秆和菌渣均能增加堆肥有机质含量，添加菌渣的效果较好。

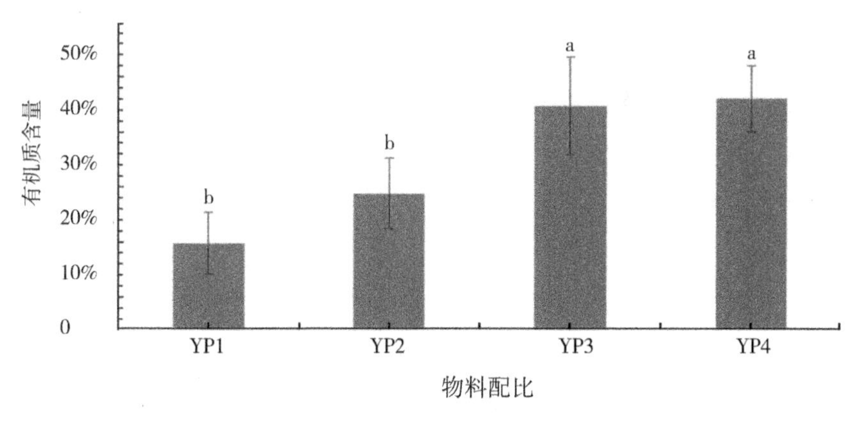

图 4–3　不同物料配比对堆肥有机质含量的影响

4. 不同物料配比对堆肥中氮磷钾含量及其总量的影响

氮、磷、钾是作物生长所需要的元素。从图 4–4 可以看出相比 YP1 处理，YP2、YP3 和 YP4 处理均增加了堆肥氮含量，分别提高了 6.5%、30.2% 和 24.2%。这说明牛粪堆肥中添加玉米秸秆和菌渣均能增加堆肥氮含量，但是添加菌渣要比添加玉米秸秆的效果好。

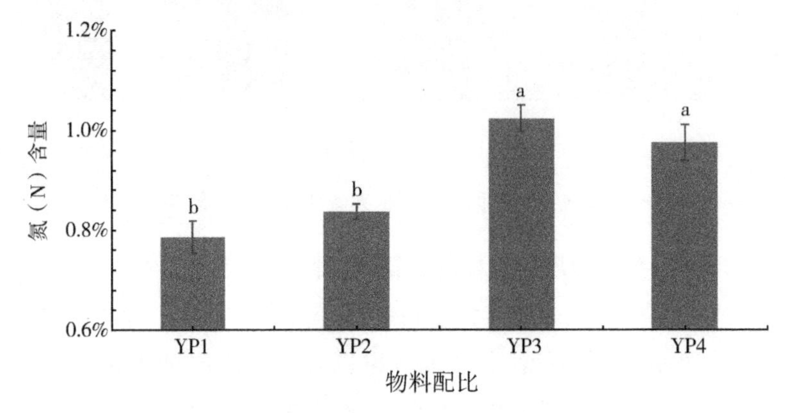

图 4–4　不同物料配比对堆肥氮含量的影响

从图 4–5 可以看出，相比 YP1 处理，YP2、YP3 和 YP4 处理均增加了堆肥磷含量，分别增加了 19.0%、17.5% 和 17.7%。YP2、YP3 和 YP4 处理间的磷含量差异不显著。这说明牛粪堆肥中添加玉米秸秆和菌渣均能增加堆肥磷含量。

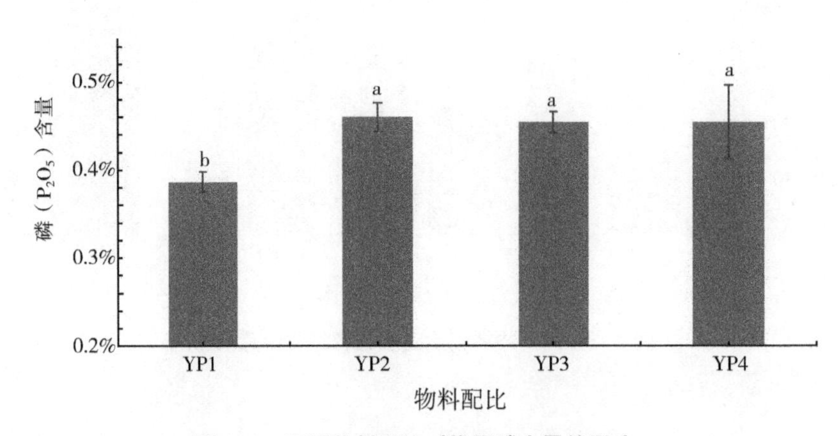

图 4–5　不同物料配比对堆肥磷含量的影响

从图 4–6 可以看出，相比 YP1 处理，YP2、YP3 和 YP4 处理均增加了堆肥钾含量，分别增加了 17.2%、7.1% 和 30.9%。这说明牛粪堆肥中添加玉米秸秆和菌渣均能增加堆肥钾含量，但是添加玉米秸秆要比添加菌渣的效果好，二者结合的效果最好。

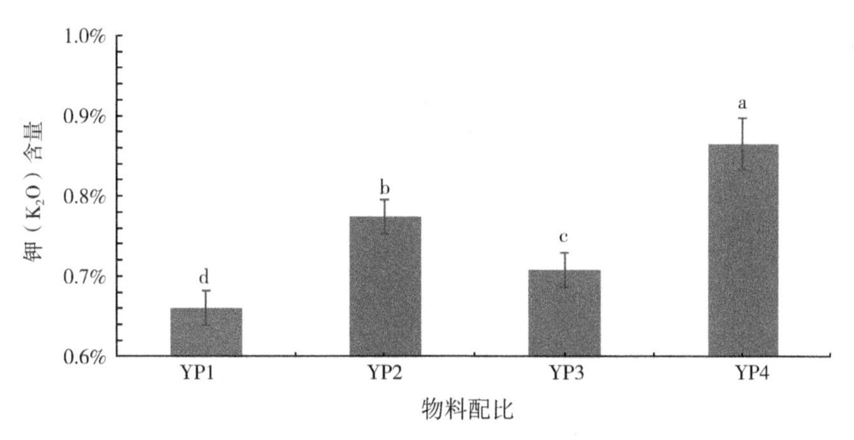

图 4–6　不同物料配比对堆肥钾含量的影响

从总养分上来看，相比 YP1 处理，YP2、YP3 和 YP4 处理显著增加了堆肥总养分含量（图 4–7），分别增加了 13.0%、19.2% 和 25.3%。这说明牛粪堆肥中添加玉米秸秆和菌渣均能增加堆肥总养分含量，二者都添加的效果最好。

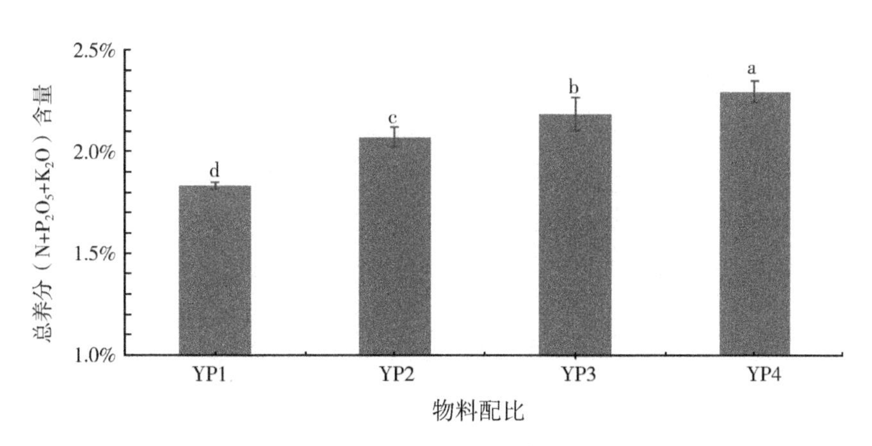

图 4–7　不同物料配比对堆肥总养分含量的影响

5. 不同物料配比对堆肥发芽指数的影响

堆肥发芽指数（*GI*）反映了堆肥对作物的毒害作用，*GI* 达到 50% 的堆肥可认为对植物已无毒害作用。本试验条件下，所有处理的发芽指数都在 85% 以上，YP1、YP2、YP3 和 YP4 处理的发芽指数分别为 85.4%、89.4%、97.5% 和 92.6%。这说明牛粪堆肥中添加玉米秸秆和菌渣均能增加堆肥的腐熟度（图 4-8）。

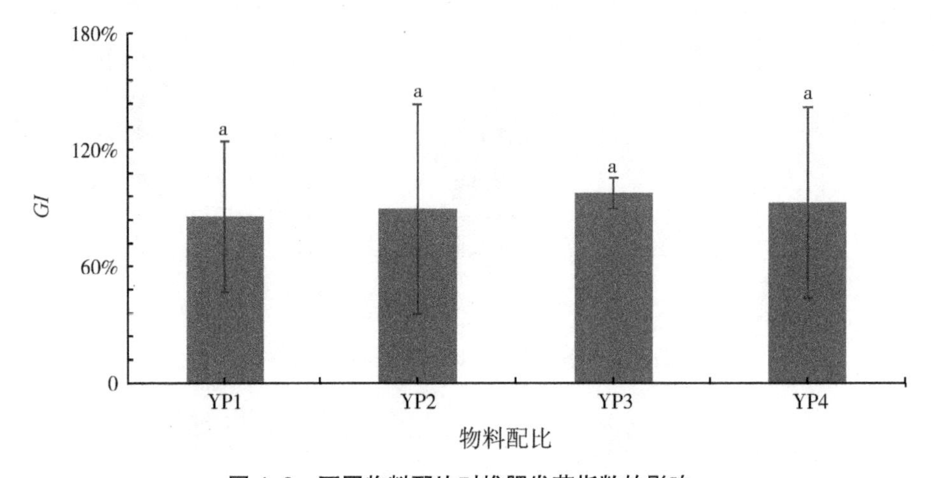

图 4-8　不同物料配比对堆肥发芽指数的影响

四、结论

1）牛粪添加菌渣堆肥可以降低堆肥 pH。

2）牛粪添加玉米秸秆堆肥可以降低堆肥 EC 值。

3）牛粪添加玉米秸秆和菌渣堆肥可以提高堆肥有机质含量。

4）牛粪添加玉米秸秆和菌渣堆肥可以提高堆肥总养分含量。

5）牛粪添加玉米秸秆和菌渣堆肥可以提高堆肥腐熟度。

综上，牛粪堆肥添加不同的辅料可以增加堆肥有机质和总养分含量，也可提高堆肥腐熟度。本试验中，综合各方面指标，YP4 处理（牛粪 + 玉米秸秆 + 菌渣）的效果最好。

第二节　好氧堆肥功能菌剂筛选

一、筛选原则

随着畜禽养殖业的迅猛发展，畜禽粪便的排放量也随之增加。当前，大部分畜禽粪便得不到有效利用，这不仅浪费大量资源，还对当地环境造成了污染，因此迫切需要对其进行有效处理。好氧堆肥是畜禽粪便无害化处理和资源化利用的重要方式，接种合适的微生物菌剂可加速高温好氧堆肥进程，提高发酵产品质量。但是市面上微生物菌剂种类繁多，质量参差不齐，因此需要针对发酵物料的种类筛选出适宜菌种。本试验通过设计接种菌剂和不接种菌剂处理，以发酵过程温度等关键参数及发酵产物的安全性为考核指标，评价 3 种菌剂的发酵效果，以期筛选出适合当地主要畜禽粪便之一——牛粪发酵的菌剂。

二、试验方案

1. 试验材料

试验于 2021 年 10—12 月在山东省东营市某农业开发有限公司堆肥场内进行，根据当地有机资源禀赋，选用牛粪作为主要堆肥原料，菌剂 1 为市售固体菌剂［J1，含枯草芽孢杆菌（*Bacillus subtilis*），有效活菌数为 109 cfu/g］，菌剂 2 为山东省农业科学院自制固体菌剂［J2，含枯草芽孢杆菌（*Bacillus subtilis*）、地衣芽孢杆菌（*Bacillus licheniformis*）、植物乳杆菌（*Lactobacillus plantarum*）、绿色木霉（*Trichoderma viride*），有效活菌及孢子数为 109 cfu/g］，菌剂 3 为山东省农业科学院自制固体菌剂［J3，含枯草芽孢杆菌（*Bacillus subtilis*）、黑曲霉（*Aspergillus niger*）、酿酒酵母（*Saccharomyces cerevisiae*）、有效活菌及孢子数为 109 cfu/g］。

2. 试验设计

本试验共设 4 个处理，具体设计如下：

处理 1：牛粪（不加菌剂，CK）；

处理 2：牛粪 + 菌剂 1（市售固体菌剂，J1）；

处理 3：牛粪 + 菌剂 2（山东省农科院研发固体菌剂，J2）；

处理 4：牛粪 + 菌剂 3（山东省农科院研发固体菌剂，J3）。

3. 试验操作

菌剂处理的微生物发酵菌剂掺入比例均为 2‰（w/w）。将牛粪与菌剂充分混合。堆成高约 1 m、宽约 2 m、长约 3 m 的堆体，每 5 ～ 7 天翻堆一次，持续发酵 2 个月。

4. 样品采集、测试与分析

堆肥结束后，采用 5 点法在堆肥不同部位取样一次，取样量为 300 g 左右，样品混合均匀，备用。

取回来的样品主要检测以下指标：

pH 和 EC 值用电位法测定；

有机质采用外加热重铬酸钾法测定，氮、磷、钾用浓 H_2SO_4 –H_2O_2 消煮后分别采用凯氏定氮法、钼锑抗比色法和火焰光度计法测定。

发芽指数（*GI*）：新鲜堆肥样品和去离子水按固液比为 1∶10（质量∶体积）加入一定量的去离子水，在 200 r/min 的速度下振荡浸提 1 h，将其离心（4000 r/min）10 min，过滤，吸取 5 mL 滤液于铺有滤纸的 9 cm 培养皿内，均匀放入 20 颗白菜种子，在 28 ℃黑暗的培养箱中培养 48 h 后，取出计算发芽率、测定油菜根长，每个样品重复做 3 次，同时用蒸馏水做空白对照。按照式（4–2）计算：

GI=（堆肥浸提液的种子发芽率 × 根长）× 100% ÷（蒸馏水的种子发芽率 × 根长）。　（4–2）

三、结果与分析

1. 不同菌剂对堆肥 pH 的影响

在堆肥过程中 pH 是一个重要的因素，一般 pH 为 5 ～ 9 都可以进行堆肥。从图 4–9 可以看出，所有处理的 pH 为 8.74 ～ 8.89；相比 CK 处理，J1、J2 和 J3 处理均降低了堆肥 pH，这说明堆肥中添加菌剂可以降低堆肥 pH。

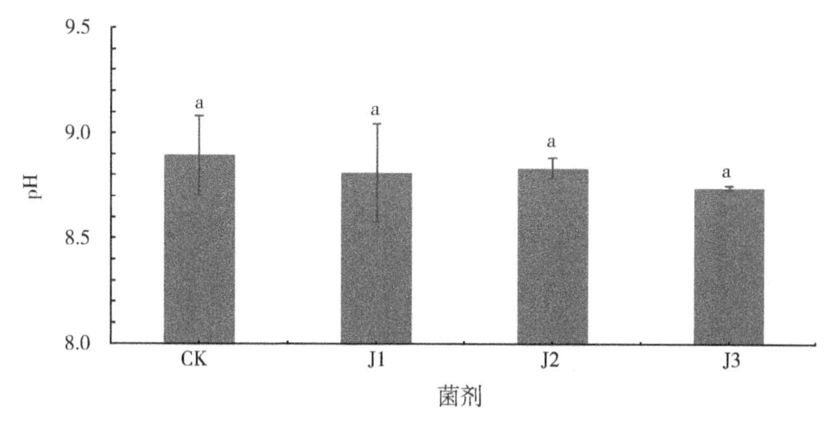

图 4-9　不同菌剂对堆肥 pH 的影响

2. 不同菌剂对堆肥 EC 值的影响

EC 值是堆肥质量高低的一个重要指标，过高 EC 值会影响作物生长。从图 4-10 可以看出，相比 CK 处理，J1、J2 和 J3 处理均降低堆肥 EC 值，分别降低了 3.8%、4.6% 和 6.5%。这说明堆肥中添加菌剂可以降低堆肥 EC 值。

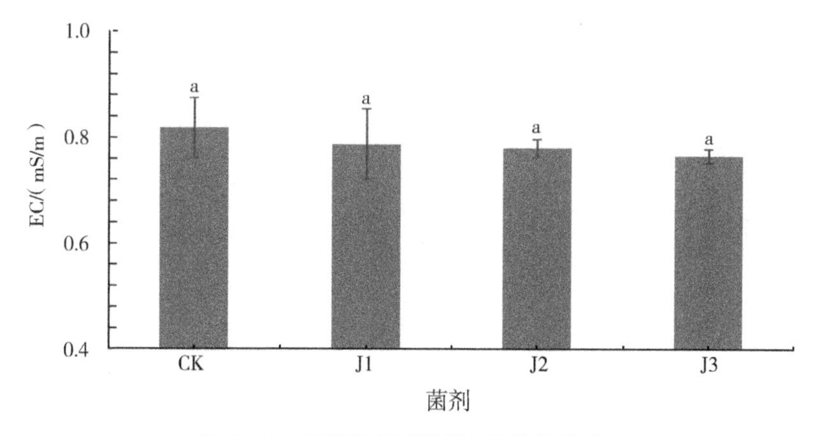

图 4-10　不同菌剂对堆肥 EC 值的影响

3. 不同菌剂对堆肥有机质含量的影响

有机质是微生物在分解有机物料中半纤维素、纤维素等的产物，是评估堆肥质量高低的重要指标。由图 4-11 可知，相比 CK 处理，J1、J2 和 J3 处理均增加了堆肥有机质含量，分别增加了 82.7%、47.5% 和 85.2%。这说明牛粪堆肥中添加菌剂能增加堆肥有机质含量，J1 和 J3 的效果较好。

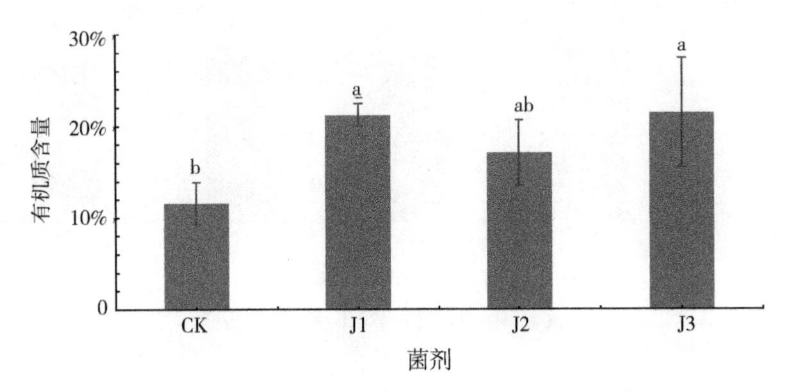

图 4-11　不同菌剂对堆肥有机质含量的影响

4. 不同菌剂对堆肥中氮磷钾含量及其总量的影响

氮磷钾是作物生长必需的元素。从图 4-12 可以看出，相比 CK 处理，J1、J2 和 J3 处理均显著增加了堆肥氮含量，分别提高了 24.7%、23.2% 和 20.1%。这说明牛粪堆肥中添加菌剂能增加堆肥氮含量。从图 4-13 可以看出，相比 CK 处理，J1、J2 和 J3 处理均显著增加了堆肥磷含量，分别增加了 16.8%、22.2% 和 6.6%。这说明牛粪堆肥中添加菌剂能增加堆肥磷含量，其中 J2 的效果最好。

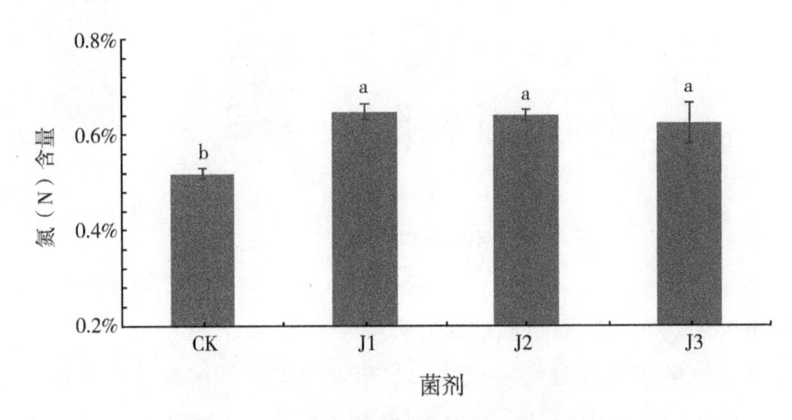

图 4-12　不同菌剂对堆肥氮含量的影响

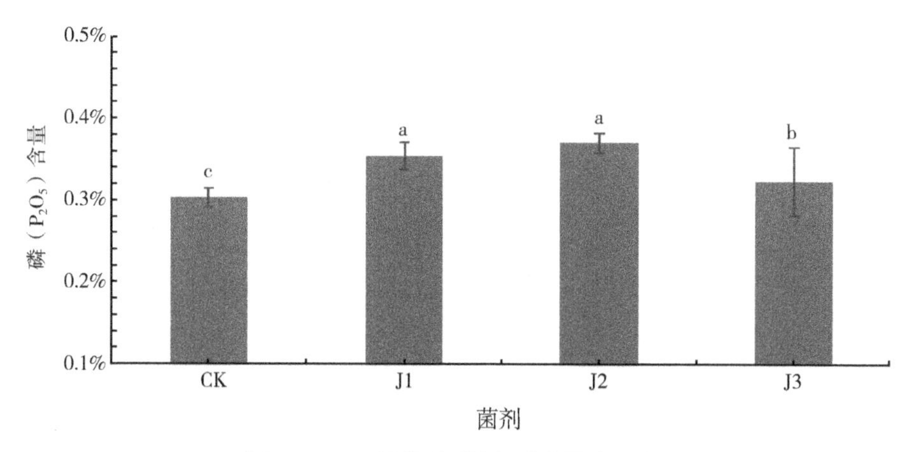

图 4-13　不同菌剂对堆肥磷含量的影响

由图 4-14 可知，相比 CK 处理，J1、J2 和 J3 处理均增加了堆肥钾含量，分别增加了 1.9%、11.5% 和 10.9%。这说明牛粪堆肥中添加菌剂能增加堆肥钾含量，其中 J2 和 J3 的效果较好。从总养分上来看，相比 CK 处理，J1、J2 和 J3 处理均显著增加了堆肥总养分含量（图 4-15），分别增加了 12.0%、17.2% 和 13.0%。这说明牛粪堆肥中添加菌剂能增加堆肥总养分含量，3 种菌剂效果差不多。

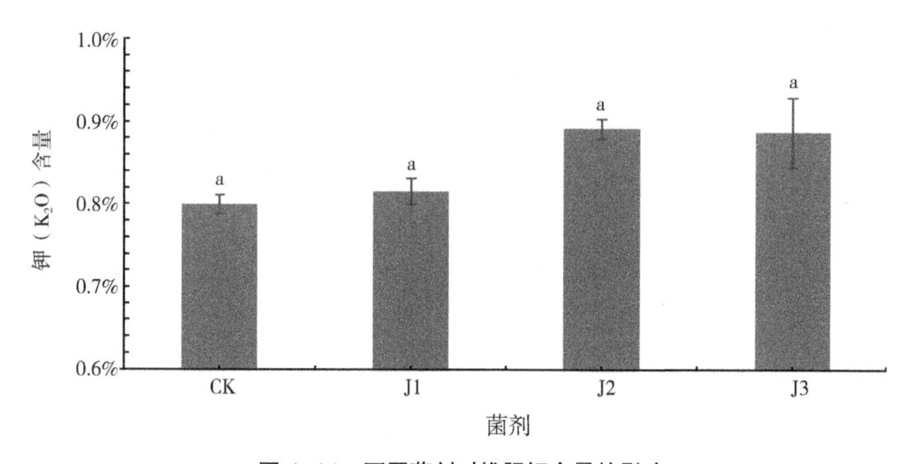

图 4-14　不同菌剂对堆肥钾含量的影响

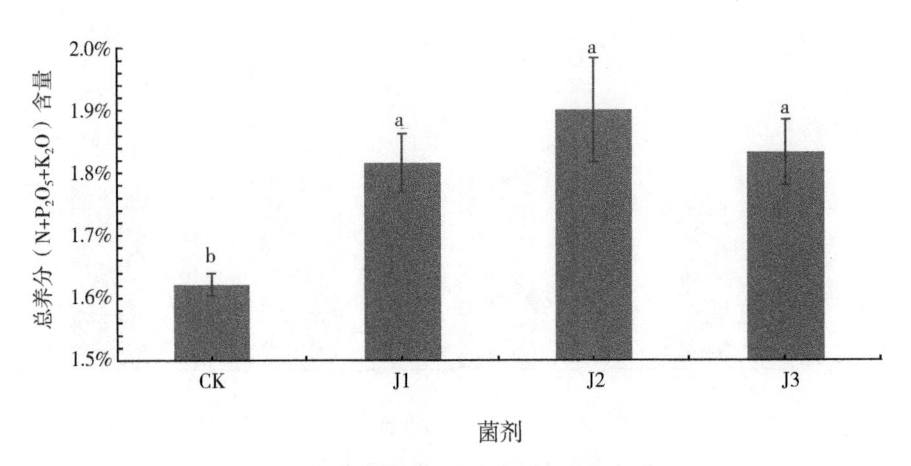

图 4-15　不同菌剂对堆肥总养分含量的影响

5. 不同菌剂对堆肥发芽指数的影响

堆肥发芽指数（*GI*）反映了堆肥对作物的毒害作用，发芽指数达到 50% 的堆肥可认为对植物已无毒害作用。本试验条件下，除了 CK 处理，所有处理的发芽指数都在 70% 以上，达到了 NY 525—2021 的标准。J1、J2 和 J3 处理的发芽指数分别为 78.6%、127% 和 103%。这说明牛粪堆肥中添加菌剂增加堆肥的腐熟度，其中 J2 的效果最好（图 4-16）。

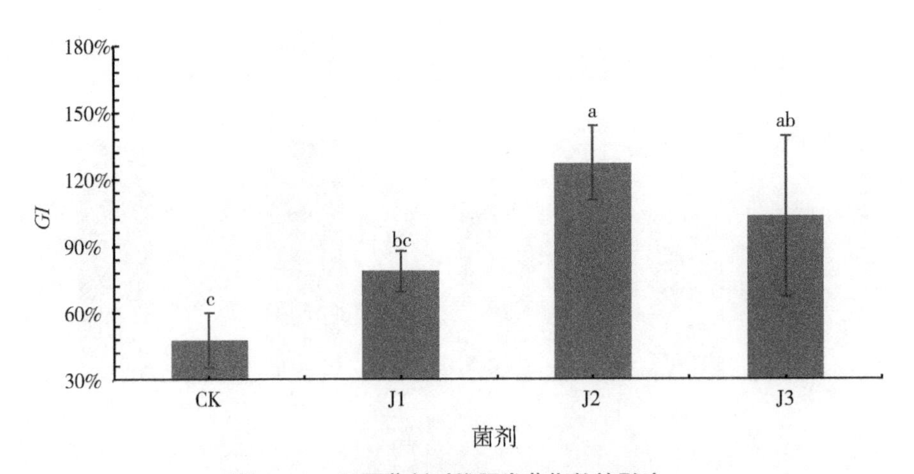

图 4-16　不同菌剂对堆肥发芽指数的影响

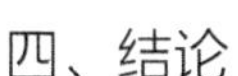

四、结论

1）牛粪堆肥中添加菌剂可以降低堆肥 pH 和 EC 值。

2）牛粪堆肥中添加菌剂可以提高堆肥有机质和总养分含量。

3）牛粪堆肥中添加菌剂可以提高堆肥腐熟度。

本试验中，综合考虑牛粪堆肥有机质、养分和堆肥腐熟度等方面指标，得出牛粪堆肥中添加菌剂 J2 的处理效果最好。

第三节　堆肥除臭菌剂研发与应用

随着市场需求的不断扩大和养殖技术的持续进步，近年来，我国规模化畜禽养殖业得到了较大发展，其中奶牛、肉牛养殖存栏量屡创新高，养殖业正由一家一户的分散养殖方式向规模化、集约化、工厂化养殖方式迅速转变。然而，伴随着养殖方式的转变，禽畜粪便、污水等高浓度有机物的大量产生和排放，使周围环境的承载能力面临着严峻的考验。以规模化奶牛场夏季生产状况为例，粪污经初步固液分离后，固体废弃物中的有机质含量可达 80% 以上，其中，有机物中的总氮、总磷分别达 4500 mg/kg 和 1000 mg/kg，若将这些有机物直接排入周边环境，将对环境造成严重污染。为解决上述问题，现有技术中，利用生物发酵的方式对牛粪进行堆肥，将潜在污染物转化为植物营养元素，变粪便为优良的有机肥进而还田利用，不仅具有良好的社会价值和生态价值，同时也可带来丰厚的经济回报。

目前常用堆肥方式有条垛式堆肥、槽式堆肥和容器堆肥等，其中条垛式堆肥方式相比于其他堆肥方式具有堆肥技术简单、投资少、场地占用小、原料选择范围广泛、对设备及对相关人员要求低等优点。因此，条垛式堆肥具有广泛的应用优势。但是，由于条垛式堆肥在露天环境下进行，在堆肥过程中产生的 H_2S、NH_3 等异味气体极大地扩散于堆肥场周围的生态环境和生活环境中，严重影响堆肥场周边人员的正常工作和生活，因此，在实际堆肥过程中采用多种减少异味气体的处理方式，其中，以微生物除臭法应用最多。

现有技术中的微生物除臭法以接种微生物的方式对异味气体进行去除，在这个过程中，主要存在以下 3 个问题：①需要对功能微生物进行单独培养再接种，这个过程中涉及无菌操作等一系列专业技术，导致除臭过程工艺复杂、设备需求量多且专业技能要求较高，不利于微生物除臭方法的推广应用；②除臭过程中，接种菌株要另行购买，导致资金的耗费量大，造成成本过高；③通过接种微生物的方法对露天条件下的条垛式堆肥产生的异味气体处理效果差，主要是由于微生物对环境温度等变化的适应性差，从而导致除臭效果不明显。

文献报道以乳酸菌为主的益生菌，具有良好的除臭效果，基于原位处理、减少对原生微生物生境干扰的原则，从奶牛场粪污堆肥的原生环境中，结合 MRS 培养基厌氧初筛和 16SrNDA 测序分析，筛选得到若干株适应堆肥环境的乳酸菌，并对其降解 NH_3 和 H_2S 的能力进行了初筛和复筛；同时考虑调节堆肥碳氮比和 pH 对堆肥控制有良好的作用，为充分利用规模化奶牛场丰富的青贮秸秆资源（饲料储备），降低物料成本的同时提高可操作性，本研究将筛选得到的 3 种乳酸菌与青贮秸秆等相结合，形成除臭效果突出的复合菌剂。

本复合菌剂的使用，可避免单纯微生物菌剂对堆肥环境的不适应性、异源微生物干扰、效果不稳定等一系列问题，从微生物调控、碳氮比调节、pH 控制等多个角度解决奶牛粪堆肥异味气体产生和排放问题，在降低操作难度的同时节约了成本。目前，国内外将益生菌与秸秆青贮相结合用于堆肥除臭的工作尚鲜有报道。

一、除臭菌剂的筛选

（一）筛选原则

作为重要的益生菌种类，乳酸菌在养殖业中有着广泛的用途，不仅可作为活性饲料添加剂提高动物健康水平、降低致病菌对动物的危害，而且在饲养环境、粪污处理等其他养殖环节有重要应用。

乳酸菌对削减臭味气体产生和排放的作用分为两个方面：一方面，乳酸

菌在生长繁殖过程中可产生大量以乳酸为主的有机酸，部分类型菌株还能分泌细菌素，从而通过降低环境 pH、竞争性抑制等多种手段限制其他诸多微生物的生长繁殖，由于牛粪污中的臭味物质来源于微生物发酵，乳酸菌通过对这些产臭微生物生理生化活动进行抑制，可以从源头上减少臭味物质的产生；另一方面，部分种类的乳酸菌、芽孢杆菌、放线菌等微生物可通过自身特定生理代谢，将牛粪污中已经存在的 NH_3、H_2S、吲哚、甲硫醇等臭味物质转化为无臭物质，从而直接降低臭味物质的浓度，削减臭味物质的排放，减少对大气环境的不良影响。考虑到乳酸菌在牛粪堆肥除臭方面具有多重效果，我们将产乳酸量高、NH_3 和 H_2S 降解能力强的乳酸菌作为筛选目标。

（二）菌株产酸能力测试

基于上述筛选原则，对实验室保存的、历年从奶牛养殖场环境筛选的 20 株乳酸菌菌株进行了产酸能力测试，初筛采用平板变色圈法基本方法，复筛采用液体发酵 pH 测定法。20 株待测菌株分别为植物乳杆菌（*Lactobacillus plantarum*）LA1、LA2、LA3，短乳杆菌（*Lactobacillus brevis*）LB1、LB2，布氏乳杆菌（*Lactobacillus buchneri*）LC1、LC2、LC3，嗜热链球菌（*Streptococcus thermophilus*）LD1、LD2、LD3，保加利亚乳杆菌（*Lactobacillus bulgaricus*）LE1、LE2，乳酸乳球菌（*Lactococcus lactis*）SM1、SM2、SM3 和干酪乳杆菌（*Lactobacillus casei*）LF1、LF2、LF3、LF4。

1. 平板变色圈法初筛

（1）培养基

MRS 培养基：用于乳酸菌的培养，取葡萄糖 20 g、胰蛋白胨 10 g、酵母粉 5 g、牛肉膏 10 g、$(NH_4)_2C_6H_5O_7$ 2 g、$C_2H_3O_2Na \cdot 3H_2O$ 3.12 g、Na_2HPO_4 1.63 g、$C_2H_3O_2K$ 2.25 g、$MgSO_4 \cdot 7H_2O$ 0.58 g、$MnSO_4 \cdot H_2O$ 0.25 g、Tween-80 1 mL，蒸馏水 1000 mL，用 NaOH 溶液调节 pH 至 7.0，在 115 ℃下灭菌 30 min。

溴甲酚紫指示剂：溴甲酚紫是一种酸碱指示剂，其 pH 变色范围为 5.2（黄）～ 6.8（紫），酸性越强则黄色越深，因而可用于检测培养基的酸性变化。取溴甲酚紫 0.1 g，加 0.02 mol/L NaOH 溶液 20 mL 使其溶解，再加水稀释至 100 mL，以 0.22 μm 滤膜过滤除菌，即得溴甲酚紫指示剂。

溴甲酚紫 -MRS 培养基：按照体积比，向灭过菌的 MRS 培养基中加入 0.1% 的溴甲酚紫指示剂，即得溴甲酚紫 -MRS 培养基。

若所述培养基在灭菌前加入 1% ～ 2% 的琼脂粉，则为固体培养基。

（2）菌株培养

所用菌种在 -20 ℃下保存于 1.5 mL 甘油 EP 管中。具体活化和培养步骤为：37 ℃下，在 MRS 固体平板培养基上划线培养 36 h 直至形成单独、清晰的菌落后，挑至 MRS 液体培养基，在 37 ℃静止条件下培养 18 h。

（3）变色圈法

将接种于液体培养基中的各菌株分别以无菌水稀释至 OD_{600}=0.1 的菌悬液。溴甲酚紫 -MRS 培养基加热后倒入平板，冷却后，用无菌镊子夹取灭过菌的牛津杯置于平板表面，吸取待测菌的菌悬液（OD_{600}=0.1）20 μL 于牛津杯中，在 37 ℃条件下，正置培养 36 h，观察变色圈的形成。同时以无菌水代替菌悬液为空白对照，每组试验需重复 3 次。

2. 液体发酵复筛

对于初筛得到的产酸能力强的乳酸菌，继续进行液体发酵试验复筛，发酵条件为 MRS 液体培养基，在 37 ℃下静止培养 12 h，以得到产酸性能更佳的菌株。

（1）培养基

培养基为 MRS 培养基。

（2）培养方法

从液体活化培养基中吸取 2.5 mL 菌液，接种于 500 mL 的 LB 培养基中，在 37 ℃下静置培养，培养时间为 96 h。

（3）pH 检测

试验期间，每隔 12 h 检测发酵液的 pH 变化，无菌条件下吸取 2.5 mL 菌液进行检测，仪器为上海雷磁 PHS-3C 型 pH 计，结果精确到 0.1。

3. 结果与分析

平板变色圈法初筛出产酸能力强的菌株，平板由紫色变为黄色的范围越大，颜色越深，说明测试菌株产酸能力越强。本研究对 20 株乳酸菌在溴甲

酚紫 -MRS 培养基上生长时平板变色圈的情况进行了统计，其中变色圈大小以变色圈直径表示，颜色深度以目测结果表示，乳酸菌变色圈情况如表 4-1 所示。

表 4-1　乳酸菌变色圈情况

菌株	变色圈直径 /mm	黄色深度
植物乳杆菌 LA1	33 ± 4	++++
植物乳杆菌 LA2	35 ± 3	++++
植物乳杆菌 LA3	36 ± 5	++++
短乳杆菌 LB1	32 ± 5	+++
短乳杆菌 LB2	30 ± 4	+++
布氏乳杆菌 LC1	38 ± 4	++++
布氏乳杆菌 LC2	40 ± 5	++++
布氏乳杆菌 LC3	42 ± 5	++++
嗜热链球菌 LD1	36 ± 4	++++
嗜热链球菌 LD2	35 ± 4	++++
嗜热链球菌 LD3	30 ± 3	+++
保加利亚乳杆菌 LE1	33 ± 3	+++
保加利亚乳杆菌 LE2	27 ± 4	++
乳酸乳球菌 SM1	21 ± 2	++
乳酸乳球菌 SM2	20 ± 1	++
乳酸乳球菌 SM3	18 ± 1	++
干酪乳杆菌 LF1	21 ± 3	++
干酪乳杆菌 LF2	19 ± 3	++
干酪乳杆菌 LF3	19 ± 2	++
干酪乳杆菌 LF4	20 ± 3	++

由表 4-1 中可知，试验条件下，植物乳杆菌 LA1、LA2、LA3，短乳杆菌 LB1、LB2，布氏乳杆菌 LC1、LC2、LC3，嗜热链球菌 LD1、LD2、LD3 和保

加利亚乳杆菌 LE1 等 12 株乳酸菌形成的变色圈相对较大，变色程度更深，因此选择这 12 株乳酸菌进行静置液体发酵试验，进一步筛选产酸能力强的菌株。

对无氧发酵过程中各菌株乳酸的产生情况进行了测定，试验结果如图 4–17 所示。试验条件下，植物乳杆菌 LA1、LA2、LA3，短乳杆菌 LB1、LB2，布氏乳杆菌 LC1、LC2，嗜热链球菌 LD1、LD2 和保加利亚乳杆菌 LE1 等 10 株乳酸菌在 12 h 的发酵周期内乳酸产量均达 20 g/L 以上，而布氏乳杆菌 LC3 和嗜热链球菌 LD3 乳酸产量分别为（18.5 ± 1.6）g/L 和（17.8 ± 1.7）g/L，低于其他菌株。我们选择乳酸产量高于 20 g/L 的 10 株乳酸菌进入下一步试验。

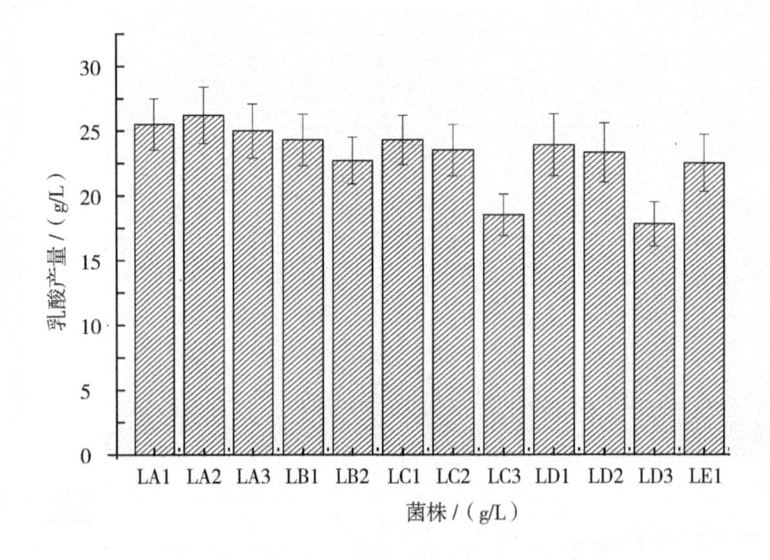

图 4–17　12 株乳酸菌发酵产乳酸情况

（三）氨降解能力初筛

1. NH_3 选择性培养基

采用去除主要氮源的 MRS 培养基，即去除胰蛋白胨、酵母粉、牛肉膏，并在试验前添加一定浓度的氨水。

2. 乳酸菌活化与培养

植物乳杆菌 LA1、LA2、LA3，短乳杆菌 LB1、LB2，布氏乳杆菌 LC1、LC2，嗜热链球菌 LD1、LD2 和保加利亚乳杆菌 LE1 经活化、培养后，分别以无菌水稀释至 OD_{600}=1.0 左右。

3. 初筛方法

取 10 mL NH_3 选择性液体培养基分装于摇瓶中，经高压灭菌后，注入 10 μL 质量分数为 25% 的氨水，将待试菌株以 1% 的接种量接种至相应的液体培养基，在 37 ℃下恒温培养 24 h；然后按照 5% 的接种量再次接种于 50 mL NH_3 选择性液体培养基（添加 50 μL 25% 的氨水），在 37 ℃下恒温培养 48 h，观察菌液浊度变化，若混浊表明菌株具有降解 NH_3 能力。

4. NH_3 降解能力初筛结果

经检测发现，接种 6 株乳酸菌的培养物明显混浊，说明这些菌株能够利用 NH_3 为氮源进行生长，属氨降解能力相对突出的菌株：植物乳杆菌 LA1、LA2，短乳杆菌 LB1，布氏乳杆菌 LC1、LC2、嗜热链球菌 LD1，进入下一步试验。

（四）硫化氢降解能力初筛

1.H_2S 选择性培养基

在 MRS 培养基的基础上，临用前添加质量分数为 2% 的 FeS，及体积分数为 6% 的 H_2SO_4（初始体积分数为 25%），以产生 H_2S。

2. 乳酸菌活化与培养

植物乳杆菌 LA1、LA2，短乳杆菌 LB1，布氏乳杆菌 LC1、LC2，嗜热链球菌 LD1 经活化、培养后，分别以无菌水稀释至 OD_{600} = 1.0 左右。

3. 初筛方法

将各菌株分别接种至 MRS 液体培养基（接种比 1%），在 37 ℃下恒温培养 48 h，按 5% 接种至装有 200 mL MRS 液体培养基的烧杯中，在烧杯中再放置一个 50 mL 无菌小烧杯，内装有 12 mL 的浓度为 25% 的 H_2SO_4，向小烧杯中加入 4g FeS 后密封，在 37 ℃下恒温培养 72 h 后，观察菌液混浊变化，若混浊则表明菌株具有降解 H_2S 能力。

4. H_2S 降解能力初筛结果

经检测发现接种 4 株乳酸菌的培养物明显混浊，说明这些菌株能够分解利用 H_2S，属 H_2S 降解能力相对突出的菌株：植物乳杆菌 LA2，布氏乳杆菌 LC1、LC2，嗜热链球菌 LD1，进入下一步复筛试验。

（五）氨及硫化氢降解能力复筛

1. 复筛培养基

在 MRS 培养基的基础上，临用前添加氨水（NH_3 水溶液）及氢硫酸（H_2S 水溶液），最终浓度均为 1000 mg/L。

2. 乳酸菌活化与培养

植物乳杆菌 LA2，布氏乳杆菌 LC1、LC2，嗜热链球菌 LD1 经活化、培养后，分别用无菌水稀释至 OD_{600} 为 1.0 左右。

3. 复筛方法

将各菌株按 1% 的接种比，分别接种至 MRS 液体培养基，在 37 ℃下恒温培养 48 h；按 5% 的接种比接至装有 200 mL MRS 液体培养基的烧杯中，在烧杯中放置 4 个 50 mL 无菌小烧杯，分别装有 20 mL 的氨水、氢硫酸（质量浓度均为 1000 mg/L），以及用于 NH_3 吸收的 20 mL 2% 的硼酸溶液和 20 mL 锌氨络盐溶液，密封，在 37 ℃下恒温培养 24 h。

4.NH_3 和 H_2S 定量检测方法

1）NH_3 浓度的测定：按照《公共场所空气中氨测定方法》（GB/T 18204.25—2000）中的纳氏试剂分光光度法进行测定。

2）H_2S 浓度的测定：按照《居住区大气中硫化氢卫生检验标准方法》（GB/T 11742—1989）中的亚甲蓝分光光度法进行测定。

5. 菌株 NH_3 和 H_2S 降解能力复筛结果

乳酸菌菌株 NH_3 和 H_2S 降解能力复筛结果如表 4-2 所示。植物乳杆菌 LA2，布氏乳杆菌 LC1、LC2、嗜热链球菌 LD1 的 H_2S 残留率分别为 23.30%、15.45%、16.37% 和 25.15%，NH_3 残留率分别为 19.24%、18.25%、17.60% 和 27.14%，最终确定选择 H_2S 和 NH_3 去除效果均较好的植物乳杆菌 LA2，布氏乳杆菌 LC1、LC2 为复合菌剂出发菌株。

表 4-2 乳酸菌菌株 NH_3 和 H_2S 降解能力复筛结果

菌株	NH_3 残留率	H_2S 残留率
植物乳杆菌 LA2	19.24%	23.30%
布氏乳杆菌 LC1	18.25%	15.45%
布氏乳杆菌 LC2	17.60%	16.37%
嗜热链球菌 LD1	27.14%	25.15%

二、除臭菌剂的制备

考虑到调节堆肥碳氮比和 pH 对堆肥控制有良好的作用，为充分利用规模化奶牛场丰富的青贮秸秆资源（饲料储备），降低物料成本的同时提高可操作性，本研究将筛选得到的 3 种乳酸菌与青贮秸秆资源等相结合，形成奶牛粪堆肥除臭效果突出的除臭复合菌剂。

（一）菌株与原料

1. 菌株

植物乳杆菌 LA2，布氏乳杆菌 LC1、LC2。

2. 青贮物料

青贮时间为 3 ～ 6 个月的玉米秸秆。

3. 其他添加剂

果葡糖浆、黄豆粉、乙酸钠、硫酸锰、硫酸亚铁。

（二）制备工艺流程

用于奶牛粪堆肥除臭的复合菌剂的制备方法，步骤如下：

1）取青贮玉米秸秆，粉碎至粒度为 1.5 cm，备用。

2）将植物乳杆菌 LA2，布氏乳杆菌 LC1、LC2 分别进行活化、扩培。

3）取扩培的植物乳杆菌 LA2，布氏乳杆菌 LC1、LC2 菌液各 3.33%（质量分数）、草炭土 5%（质量分数）、果葡糖浆 2%（质量分数）、黄豆粉 2%（质量分数）、乙酸钠 2%（质量分数）、硫酸锰 0.4%（质量分数）、硫酸亚铁 0.4%

（质量分数），混合均匀后加入无菌水中，获得混合物Ⅰ，备用。

4）将步骤3）获得的混合物Ⅰ均匀喷洒于步骤1）粉碎后的青贮玉米秸秆表面，喷洒量为秸秆重量的20%，并将混合物Ⅰ与青贮秸秆混合均匀，获得混合物Ⅱ，备用。

5）将步骤4）获得的混合物Ⅱ装入密闭容器中进行一次孵育，孵育温度为37 ℃，孵育时间为3天，获得混合物Ⅲ，备用。

6）将草炭土粉碎并过100目筛，将筛下部分投入密闭容器中，与步骤5）获得的混合物Ⅲ混合均匀，然后将密闭容器密封，进行二次孵育，孵育温度为50 ℃，孵育时间为3天，获得除臭菌剂。

（三）复合除臭菌剂主要形状

无菌条件下抽取新制备样品，经MRS培养基梯度涂布活菌检测，本复合除臭菌剂中的活性植物乳杆菌LA2、布氏乳杆菌LC1和LC2总活菌数量为2×10^{10} cfu/g。

三、条垛式堆肥除臭试验

条垛式堆肥方式相比于其他堆肥方式具有堆肥技术简单、投资少、场地占用小、原料选择范围广泛、对设备要求低及对相关人员要求低的优点。但由于条垛式堆肥在露天环境进行，堆肥过程中产生的H_2S、NH_3等异味气体极大地扩散于堆肥场周围的环境中，严重影响堆肥场周围人员的正常工作和生活，本研究拟检验复合除臭菌剂在条垛式堆肥除臭中的优良应用效果。

（一）堆肥试验设计

为检测本复合除臭菌剂在奶牛粪条垛式堆肥中的除臭效果，本项目将复合除臭菌剂按一定比例加入奶牛粪中进行堆肥，同时以玉米秸秆、青贮玉米秸秆为对照添加剂，设置相应对照试验，以进一步说明本产品的优良效果。堆肥试验设计如表4–3所示。

表 4–3　堆肥试验设计

试验组	堆肥原料	添加剂	添加剂质量分数
T1	脱水奶牛粪	复合除臭菌剂	1%
T2	脱水奶牛粪	青贮玉米秸秆	5%
T3	脱水奶牛粪	玉米秸秆	5%
CK	脱水奶牛粪	无	/

（二）堆肥原料及添加剂

1）脱水奶牛粪：为奶牛场饲养舍刮粪板新清出的奶牛粪便，经压榨式固液分离后得到的固形物，主要性状如表 4–4 所示。

2）玉米秸秆：主要性状如表 4–4 所示。

3）青贮玉米秸秆：玉米秸秆收获后青贮 6 个月，主要性状如表 4–4 所示。

4）复合除臭菌剂：乳酸菌总活菌数量为 2×10^{10} cfu/g。

表 4–4　堆肥物料主要性状

原料	含水量	有机质含量	氮含量	pH
脱水奶牛粪	28.50%	29.46%	1.17%	6.78
玉米秸秆	15.89%	73.75%	1.00%	7.45
青贮玉米秸秆	22.50%	67.57%	1.10%	5.68

（三）堆肥流程

将 T1、T2、T3 所述除臭添加剂及其他物料按表 4–3 比例分别加入脱水奶牛粪中，充分混合均匀，对奶牛粪进行条垛式堆肥，同时设置无任何添加的 CK 对照组，堆肥过程如下。

选择 4 块距离较远且经过地面硬化的场地，避免异味气体检测过程中的交叉污染，将奶牛粪和除臭添加剂的混合物堆成底部宽 1.0 米，顶部宽 0.5 米，高 0.4 米，长 5 米的堆体，发酵过程中每隔 10 天人工翻堆一次，至第 40 天堆肥结束，获得有机肥产品。此次堆肥过程除臭试验于 2018 年 5—7 月在山东省菏泽市某规模化养牛场进行。

（四）样品检测

1. 取样

在堆肥过程中，选取距离堆体顶部 50 cm 的位置，每隔 10 天，于 9：00 和 15：00 对堆肥场空气各取样一次，将上午、下午的气样等量混合，作为当天的测定样品。

2. 检测

1）人工感官测定：按照《空气质量　恶臭的测定　三点比较式臭袋法》（GB/T 14675—1993），对各堆肥场地空气异味进行人工感官测定。

2）NH_3 浓度的测定：按照国家标准《公共场所空气中氨测定方法》（GB/T 18204.25—2000）中的纳氏试剂分光光度法，对各堆肥场地空气中 NH_3 的浓度进行测定。

3）H_2S 浓度的测定：按照国家标准《居住区大气中硫化氢卫生检验标准方法》（GB/T 11742—1989）中的亚甲蓝分光光度法，对各堆肥场地空气中 H_2S 的浓度进行测定。

（五）结果与分析

将上述试验结果进行统计，堆肥除臭效果如表 4–5 所示。

表 4–5　堆肥除臭效果

处理	感官评定	NH_3 浓度 /（mg/m^3）	NH_3 降低率	H_2S 浓度 /（mg/m^3）	H_2S 降低率
T1	显著改善	0.84	66.4%	0.53	72.1%
T2	有改善	2.22	11.2%	1.71	10.0%
T3	无变化	2.41	3.6%	1.88	1.1%
CK	—	2.50	—	1.90	—

注：表中数据为第 10、第 20、第 30、第 40 天采样数据的平均值，感官评定指 T1、T2 和 T3 各自的感官测定结果与对 CK 中的感官测定结果相比较得出的结论。

NH_3 降低率（%）=（CK 中测定的 NH_3 浓度 –T1、T2 和 T3 中各自测定 NH_3 浓度）/CK 中测定的 NH_3 浓度 ×100%。

H_2S 降低率（%）=（CK 中测定的 H_2S 浓度 –T1、T2 和 T3 中各自测定的 H_2S 浓度）/CK 中测定的 H_2S 浓度 ×100%。

由表4-5可知，T1试验堆肥场内NH_3和H_2S浓度明显低于CK对照组及T2、T3试验堆肥场内NH_3和H_2S浓度，同时结合NH_3降低率和H_2S降低率，可以看出，本研究提供的复合除臭菌剂在堆肥过程中，具有明显的降低异味气体产生和排放的优点，这种优良效果不仅来自青贮秸秆对碳氮比、pH的改变，更主要的是来自乳酸菌剂。综上，本复合除臭菌剂的使用能够显著改善堆肥场内及堆肥场周围环境的空气质量，减轻堆肥场内及堆肥场周围环境的负担，使堆肥过程环保、卫生，有利于堆肥技术的推广应用。

四、小结

常见的奶牛粪污堆肥大多在露天环境下进行，在堆肥过程中产生的H_2S、NH_3等异味气体极大地扩散于堆肥场周围的环境中，严重影响堆肥场周围人员的正常工作和生活，针对该问题，本部分从有益微生物调控的角度进行了研究，主要研究结果如下。

1）菌株筛选：基于原位处理、减少对原生微生物生境干扰的原则，课题组从奶牛场粪污堆肥原生环境中，结合产酸能力测试、氨及硫化氢降解能力初筛和复筛等操作，得到3株H_2S和NH_3去除效果均较好的乳酸菌：植物乳杆菌LA2，布氏乳杆菌LC1、LC2，H_2S残留率分别为23.30%、15.45%和16.37%，NH_3残留率分别为19.24%、18.25%和17.60%。

2）复合除臭菌剂制备：考虑到调节堆肥碳氮比和pH对堆肥控制有良好的作用，为充分利用规模化奶牛场丰富的青贮秸秆资源，降低物料成本的同时提高可操作性，本研究将筛选得到的3株乳酸菌与青贮秸秆等相结合，形成效果突出的复合除臭菌剂。除臭添加剂中的活性植物乳杆菌LA2，布氏乳杆菌LC1、LC2总活菌数量为2×10^{10}cfu/g。

3）堆肥除臭试验：将除臭添加剂加入牛粪中，除臭添加剂与牛粪的重量比为1 ∶ 100，充分混合均匀，对牛粪进行条垛式堆肥。堆肥过程为：选择4块距离较远且经过地面硬化的场地，避免异味气体检测过程中的交叉污染，将奶牛粪和除臭添加剂的混合物堆成底部宽为1.0米，顶部宽为0.5米，高为0.4米，长为5米的堆体，发酵过程中每隔10天人工翻堆一次，至第40天堆肥结束，获得有机肥产品。

4）堆肥除臭效果：分别对不同处理的堆肥除臭处理组进行感官评价、H_2S和NH_3浓度检测等，本菌剂只需要在堆肥起始阶段加入，大大简化了程序，与对照组相比，除臭复合菌剂在堆肥过程中使用后，NH_3、H_2S排放量分别降低66.4%和72.1%，感官效果明显改善，除臭效果突出。

第四节　鸡粪好氧堆肥技术

规模化、集约化养殖导致畜禽粪便大量积累，短期内难以得到有效处理，进而带来的污染问题成为制约畜禽养殖业可持续发展的重要因素。据统计，一个年出栏10万羽鸡的养殖场，年产鸡粪约达3600 t（韩俊霞 等，2017）。由于鸡饲料养分含量高，而鸡的消化能力弱，40%～70%的营养物被排出体外，因此鸡粪营养物质较为丰富。目前，堆肥是畜禽粪污无害化处理的重要手段之一，腐熟的堆肥产品不仅能够培肥土壤，还可以替代部分化肥，本研究主要利用课题组研制的菌剂进行堆肥，并评价鸡粪堆肥过程中加入菌剂的发酵效果。

一、材料与方法

1. 试验材料

1）鸡粪：取自天津市养鸡场。

2）玉米秸秆：取自养鸡场周围农田，粉碎备用。

3）发酵菌剂：试验供试微生物发酵菌剂3种（菌剂1、菌剂2、菌剂3）。

其中，菌剂1是由光合细菌、放线菌、乳酸菌、酵母菌等近10种菌株构成；菌剂2为CM腐熟剂，由乳酸菌、放线菌、乳酸菌、芽孢杆菌等多种有益微生物复合发酵而成；菌剂3主要由芽孢杆菌、高温蛋白降解菌、乳酸菌等多种菌株构成。

2. 试验设置

本试验设置4个处理：① CK：鸡粪＋玉米秸秆；② M1：鸡粪＋玉米秸秆＋菌剂1；③ M2：鸡粪＋玉米秸秆＋菌剂2；④ M3：鸡粪＋玉米秸秆＋菌剂3。

所有处理的鸡粪和玉米秸秆均相同，鸡粪（鲜）所占物料的比例为85%，辅料玉米秸秆（干）占15%。菌剂处理的微生物发酵菌剂掺入比例均为2%。混合物料初期碳氮比为25 ∶ 1，含水量为60%，pH为7.8。堆肥前，将玉米秸秆粉碎到1 ～ 2 cm，然后将鸡粪与粉碎的秸秆混合，再加入水分和发酵菌剂等，充分混合。堆成高约1 m、宽约2 m、长约3 m的堆体，每5 ～ 7天翻堆一次。

3. 样品采集与分析方法

分别于发酵第1、第2、第3、第6、第9、第12、第16、第20、第25和第30天采用5点法在堆体不同部位取样一次，取样量为300 g左右，样品混合均匀，备用。在取样的同一天于8：00、13：00和17：00读取测定堆体温度，取平均值。

取回来的样品主要检测以下指标：

含水率采用烘干法测定；

pH和EC值用电位法测定；

有机质采用外加热重铬酸钾法测定，氮、磷用浓$H_2SO_4-H_2O_2$消煮后分别采用凯氏定氮法和钼锑抗比色法测定。

发芽指数（*GI*）：新鲜堆肥样品和去离子水按固液比为1 ∶ 10（质量∶体积）加入一定量的去离子水，在200 r/min的速度下振荡浸提1 h，将其离心（4000 r/min）10 min，过滤，吸取5 mL滤液于铺有滤纸的9 cm培养皿内，均匀放入20颗油菜种子，在28 ℃黑暗的培养箱中培养48 h后，取出计算发芽率、测定油菜根长，每个样品重复做3次，同时用蒸馏水做空白对照。按照式（4-3）计算：

GI=（堆肥浸提液的种子发芽率 × 根长）×100%÷（蒸馏水的种子发芽率 × 根长）。（4-3）

二、结果与讨论

1. 鸡粪堆肥过程中添加不同菌剂对物料温度变化的影响

堆肥过程中的温度变化是堆体内不同类型微生物活性变化的重要反映，同时是实现堆肥无害化和稳定化的重要评价指标。由图4-18可知，3个菌剂处理的温度在整个堆肥期间都要高于 CK。3 个菌剂处理基本呈现 1 ～ 6 天温度上升，在第 1 天时温度就能够达到 60 ℃以上；在第 6 天时温度在 70 ℃以上；30 天后温度下降到 45 ℃ 以下。3 个菌剂处理维持在 50 ℃高温的时间达到 20 天以上，达到了粪便无害化卫生要求。这说明菌剂可以加快堆肥进程（张玉凤 等，2019）。

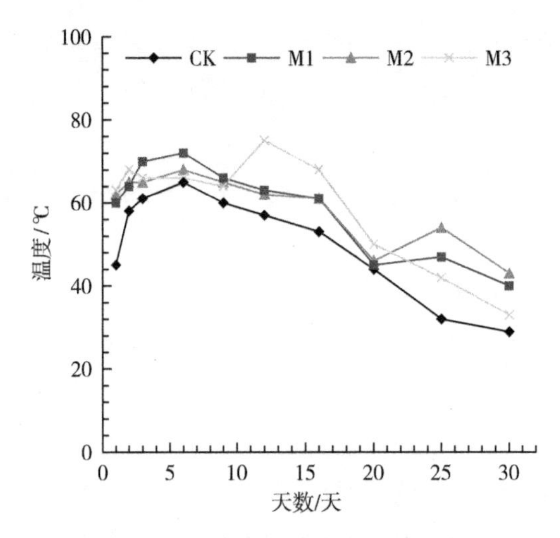

图 4–18　不同菌剂对鸡粪堆肥温度的影响

2. 鸡粪堆肥过程中添加不同菌剂对物料 pH 和 EC 值的影响

在堆肥过程中 pH 是一个重要的因素。一般 pH 在 5 ～ 9 都可以进行堆肥（赵建荣 等，2011）。pH 过高或过低均影响微生物的活性，进而降低发酵速率，导致臭味产生（王晓娟 等，2012）。由图 4–19 可知，在鸡粪堆肥发酵过程中，pH 呈现先增高后趋于稳定的趋势，而 EC 值与 pH 相反，先降低再趋于平稳（图 4–19）。菌剂与 CK 处理间的差异不显著。

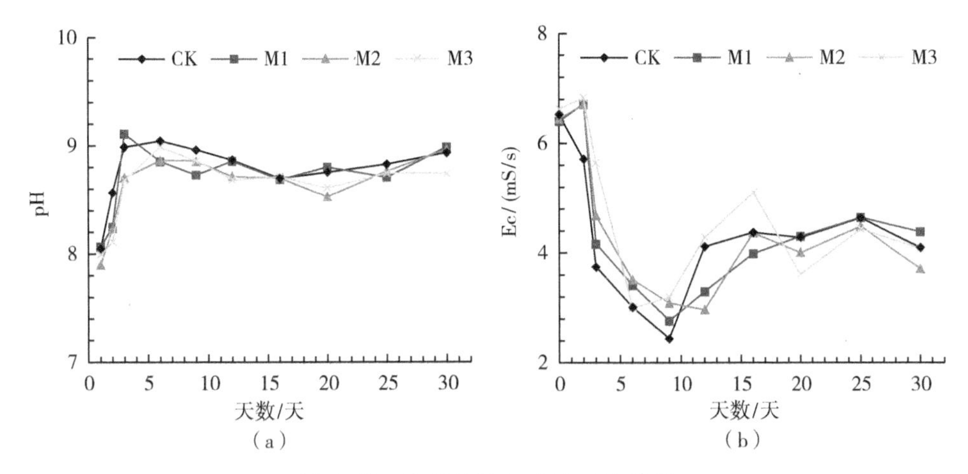

图 4-19　堆肥过程中 pH 和 EC 变化

3. 鸡粪堆肥过程中添加不同菌剂对物料有机质变化的影响

图 4-20 显示了堆肥过程中有机质的变化规律。空白处理发酵 30 天，有机质损失为 24.5%，添加芽孢杆菌的处理 M3 有机质损失高于空白，达到 26.0%，添加菌剂 1 和 CM 腐熟剂的处理有机质损失都较低（栾润宇 等，2020），从降低有机质损失效果来看，M1 处理效果最佳，有机质损失仅为 20.8%。但发酵 30 天时，各处理有机质含量乘以 1.5 后均不能达到 70%，不符合 NY 525—2012 有机肥标准。

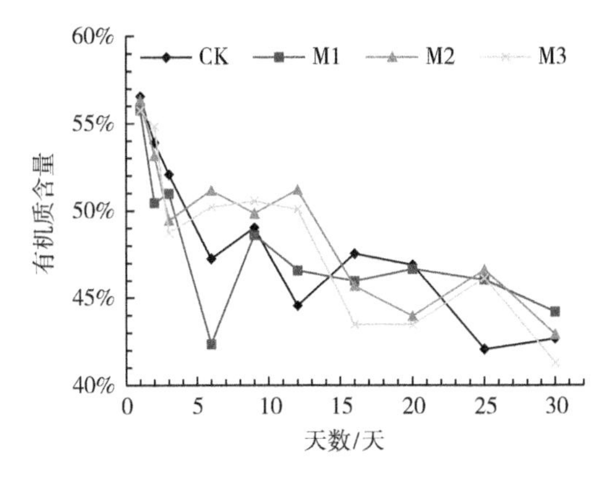

图 4-20　堆肥过程中有机质的变化

4. 鸡粪堆肥过程中添加不同菌剂对物料氮磷含量的影响

从图 4-21 可以看出，堆肥过程中物料氮素含量是降低的。未添加菌剂的处理发酵 30 天氮损失为 23.5%，添加 3 种菌剂的处理氮损失都低于未添加菌剂的处理。从 3 种添加菌剂处理的效果比较来看，M1 处理效果最佳，氮损失仅为 17.2%。这说明在鸡粪堆肥发酵过程中，添加微生物菌剂能降低氮损失率（郭小夏 等，2018），尤其是菌剂 1，在保氮方面有一定的效果。

从磷含量的变化趋势看，整体发酵过程中，磷含量前期变化较大，后期趋于平稳，由于物料重量的减少，发酵 30 天后，磷含量相较发酵开始时都会增高，最终各处理间的磷含量差异不显著。

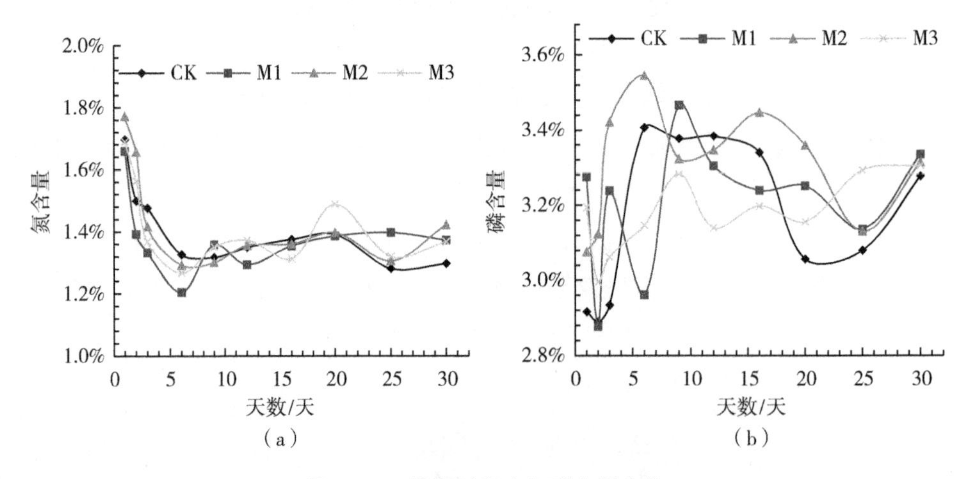

图 4-21　堆肥过程中氮磷含量变化

5. 鸡粪堆肥过程中添加不同菌剂对物料腐熟度的影响

目前，评价堆肥腐熟度最常用的指标是发芽指数（*GI*）。堆肥的 *GI* 反映了堆肥对作物的毒害作用，*GI* 达到 50% 的堆肥可认为对植物已无毒害作用，*GI* 超过 80% 的堆肥可认为其已经完全腐熟（李季 等，2011）。如图 4-22 所示，本试验条件下，菌剂处理的发芽指数在堆肥结束时，均超过了 80%，可认为已腐熟，而 CK 处理的发芽指数仅为 70%。说明添加菌剂可以加快堆肥腐熟进程。3 种添加菌剂的处理中，M1 处理的效果最好。

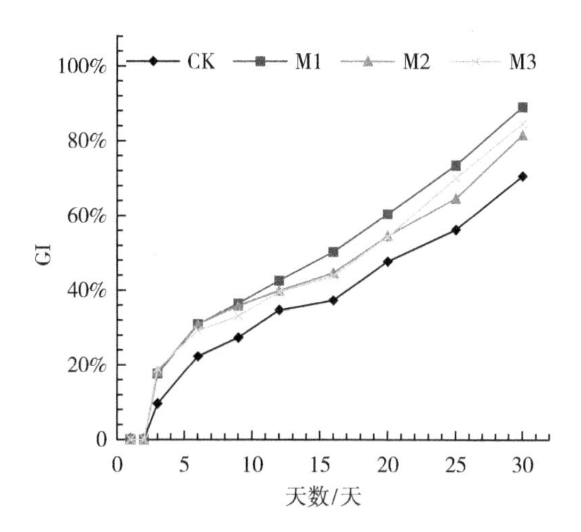

图 4-22 不同菌剂对鸡粪堆肥发芽指数的影响

三、小结

鸡粪和玉米秸秆混合物料堆肥，3 种添加菌剂的处理中，M1 处理能够更好地保存有机质和氮元素，腐熟效果最佳。

参考文献

[1] 郭小夏，刘洪涛，常志州，等．有机废物好氧发酵腐殖质形成机理及农学效应研究进展 [J]. 生态与农村环境学报，2018, 34(6): 489-498.

[2] 韩俊霞，桂吉生．鸡场废弃物的科学处理与合理利用 [J]. 畜禽业，2017(3): 32-34.

[3] 李吉进，郝晋珉，邹国元，等．高温堆肥碳氮循环及腐殖质变化特征研究 [J]. 生态环境，2004, 13(3): 332-334.

[4] 李季，彭生平．堆肥工程使用手册 [M]. 北京：化学工业出版社，2011.

[5] 栾润宇，徐应明，高珊，等．不同发酵方式对鸡粪重金属及有机质影响 [J]. 中国环境科学，2020, 40(8): 3486-3494.

[6] 王晓娟，李博文，刘微，等．不同微生物菌剂对鸡粪高温堆腐的影响 [J]. 土壤通报，2012, 43(3): 637-642.

[7] 张玉凤，田慎重，边文范．牛粪和玉米秸秆混合堆肥好氧发酵菌剂筛选 [J]. 中国土壤与肥料，2019(3): 172-178.
[8] 赵建荣，高德才，汪建飞，等．不同 C/N 下鸡粪麦秸高温堆肥腐熟过程研究 [J]. 农业环境科学学报，2011, 30(5): 1014-1020.
[9] 中华人民共和国农业农村部．畜禽粪便堆肥技术规范：NY/T 3442—2019[S]. 北京：中国农业出版社，2019: 9.

第五章
畜禽粪污安全还田利用技术

第一节　奶牛场粪污水小麦/玉米还田利用技术

随着我国经济的迅速发展，经济水平和生活质量的迅速提高，人们对牛奶的需求量越来越大，据学者研究预计2050年我国牛奶需求量将是2010年的3.2倍（Bai et al.，2018）。奶牛养殖业发展水平的高低是畜牧业甚至是整个农业发展水平的一个很重要的标志（樊斌 等，2020）。近年来，农业结构调整和农业产业化的推进使奶牛规模化养殖得到了迅速发展，在解决农村剩余劳动力转化、增加农民收入、满足人民生活需要等方面发挥了重要的作用，已经成为在我国经济发展和社会进步中起重要作用的产业。但是随之而来的问题是生产过程中产生的大量粪污难以处理，尤其是污水处理已成为奶牛场的主要难题（李梦婷 等，2020；Thomas et al.，2017）。据统计，存栏4000头奶牛的奶牛场，每天污水产生量约为300 t，若处理不当，将会对环境造成二次污染（Abubaker et al.，2013；Baral et al.，2017）。因奶牛场污水浓度高，达标排放处理难且成本高（每吨污水25元左右），养殖场业主难以接受，因此需考虑粪水厌氧发酵储存后进行农田利用。

华北平原是中国最重要的粮食产区之一，当地农民投入了大量的化肥和灌溉水确保作物生产，随之产生了氮淋溶、氨挥发，导致环境污染、水资源短缺等问题。冬小麦—夏玉米轮作体系是华北地区主要的粮食种植方式，而华北地区降雨量无法满足该种植方式对水分的需求，且为维持粮食作物的高产，消耗了大量地下水资源，造成该区地下水位持续下降（Gao et al.，2015；Yang et al.，2015）。因而水资源短缺与环境污染问题严重制约着华北地区农业的可持续发展。所以对于华北地区来说，开展粪水农田灌溉可以有效缓解水资源供需的矛盾。因为粪水富含氮、磷、钾元素和有机质，是一种良好的有机肥，可以替代一定量的化肥施用于农田（杨涵博 等，2020；Chen et al.，2020；Yin et al.，2019），因而粪污水农田灌溉是一种降低成本、节约资源和减少环境污染的有效利用方式。但是在华北地区，粪污水施用到农田后，对作物产量、氮素利用率及损失（氮淋洗、氨挥发）的具体影响还不清楚。

为此，本研究以华北地区典型冬小麦—夏玉米轮作农田为例，对规模化奶牛场粪水施用条件下的作物产量、氮素利用率及氮素损失进行研究，以期为规模化奶牛场的粪污资源化利用和制定减少氮素损失策略提供数据支撑和理论依据。

一、材料与方法

1. 试验地概况

本研究于 2019 年 6 月至 2020 年 6 月在山东省曹县一奶牛养殖废弃物循环利用示范基地进行。该地区属于黄河冲积平原，气候属于典型的暖温带大陆性季风气候，四季分明，光照充裕，年日照时数 2147 h，年平均气温 14.3 ℃，年平均降水量 678 mm。种植模式为冬小麦—夏玉米轮作，6—9 月为夏玉米生育期，10 月至次年 6 月为冬小麦生育期。供试土壤为潮土，其 0～20 cm 土层基础理化性状如下：pH 为 7.74，有机质含量为 15.1 g/kg，全氮含量为 1.06 g/kg，速效磷含量 6.3 mg/kg，速效钾含量 322 mg/kg。

2. 试验设计

试验采用随机区组设计，共设 5 个处理，分别为：不施氮肥（CK）、常规化肥（全部化肥，撒施，CF）、粪水化肥配施（粪水代替 50% 化肥氮，化肥撒施，粪水浇灌，CSF）、粪水浇灌（粪水代替 100% 化肥氮，浇灌，CS）、粪水深施（粪水代替 100% 化肥氮，深施，CSD）。每个处理重复 3 次，每个随机区长 9 m、宽 6 m。

试验用小麦品种为“济麦 22”，玉米品种为“豫青贮 23”。养分设计以氮含量为标准计算，小麦季和玉米季均按照每公顷 210 kg 氮施用量为一个

单位计算粪水的投入量，小麦季磷（P_2O_5）、钾（K_2O）用量分别为105 kg和90 kg，玉米季磷（P_2O_5）、钾（K_2O）用量分别为75 kg和105 kg。氮肥基追比为1 ∶ 1，磷钾肥全部作为基肥使用。粪水取自基地所在的奶牛场，是粪污经过固液分离后进入黑膜贮存池内发酵6个月后得到的液体，含固率2%～5%，养分含量如表5-1所示。施用过程中，粪水中磷钾不足的用化学肥料补齐。氮肥用尿素（含氮量为46%），磷肥用重磷酸钙（含五氧化二磷46%），钾肥用硫酸钾（含氧化钾为50%）。小米季和玉米季各施肥2次，灌溉2次，每次75 mm（清水＋粪水），粪水浇灌时随灌溉水施用，深施采用埋沟法进行，深施（15 cm）。虫草防治根据当地农民习惯进行。

表5-1　供试粪水养分特征

项目	pH	氮（N）含量	磷（P_2O_5）含量	钾（K_2O）含量
数值	8.0～8.1	0.09%～0.12%	0.03%～0.05%	0.10%～0.14%

3. 样品采集与测定

青贮玉米收获时，每个随机区取3个9 m^2样方进行测产，直接称重，以鲜重计算产量，风干后测定氮含量。冬小麦收获时，每个随机区取3个3 m^2样方进行测产，风干后称重，计算籽粒和秸秆产量，并测定氮含量。用H_2SO_4-H_2O_2消煮－凯氏定氮法测定所有处理小麦籽粒、小麦秸秆和玉米秸秆中的全氮含量（秦雪超 等，2020）。氮素利用率采用式（5-1）计算（杨宪龙 等，2014）：

氮素利用率（NUE）=(施氮肥处理的氮素吸收量－不施肥氮肥处理的氮素吸收量)/氮肥施用量×100%。　（5-1）

土壤氨挥发采用通气法采集（廖霞 等，2021），土壤淋溶液采用淋溶桶法采集，采集后的样品经过处理后利用自动间断分析仪（Smartchem 200）测定铵态氮和硝态氮含量（张英鹏 等，2019），从而计算土壤氨挥发量和氮淋失量。氨挥发系数和氮淋失率分别采用式（5-2）、式（5-3）计算（廖霞 等，2021；刘青丽 等，2020）：

氨挥发系数=(施氮肥处理的氨挥发量－不施肥氮肥处理的氨挥发量)/氮肥施用量×100%；　（5-2）

氮淋失率 =(施氮肥肥处理的氮淋失量－不施肥氮肥处理的淋失量)/ 氮肥施用量 ×100%。（5-3）

4. 数据处理与分析

试验数据经 Excel 2016 处理后用 SPSS 22.0 软件进行统计分析，再由 Excel 2016 绘图。

二、结果与分析

1. 粪水施用对作物产量的影响

从图 5-1 可以看出，不施氮处理小麦籽粒和青贮玉米（鲜重）产量最低。施氮处理中，与 CF 处理相比，CSF、CS 和 CSD 处理的小麦籽粒产量和青贮玉米产量差异均不显著。CF、CSF、CS 和 CSD 处理的小麦籽粒产量分别为 5.40 t/hm^2、5.31 t/hm^2、5.46 t/hm^2 和 6.13 t/hm^2，青贮玉米产量（鲜重）分别为 72.9 t/hm^2、70.6 t/hm^2、69.7 t/hm^2 和 73.1 t/hm^2。牛场粪水部分或全部代替化肥不会显著减少作物产量，且粪水深施能提高作物产量。

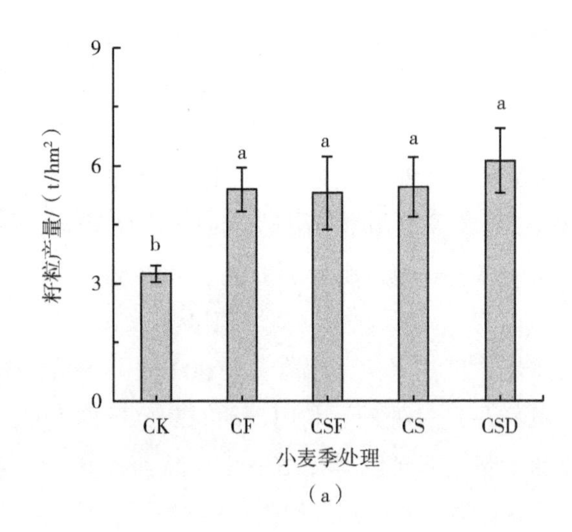

（a）

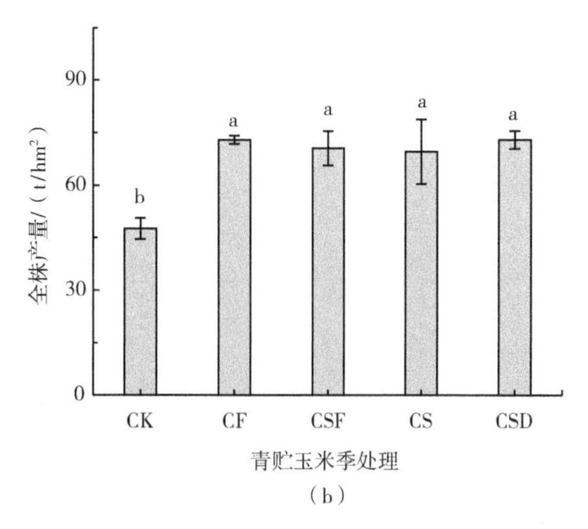

（b）

图 5-1　不同施肥处理的小麦籽粒和青贮玉米产量

（注：图中小写字母的异同分别表示处理间在 $P < 0.05$ 水平是否存在显著差异，余同）

2. 粪水施用对作物氮素利用率的影响

从图 5-2 可以看出，4 种施肥处理间的小麦季和玉米季氮素利用率差异均不显著。CF、CSF、CS 和 CSD 4 种施肥处理的小麦季氮素利用率分别为 39.7%、44.1%、48.0% 和 50.5%，玉米季氮素利用率分别为 36.3%、36.4%、34.0% 和 39.3%。牛场粪水代替化肥不会降低作物氮素利用率，且施用粪水能提高作物氮素利用率，尤其是在小麦季。

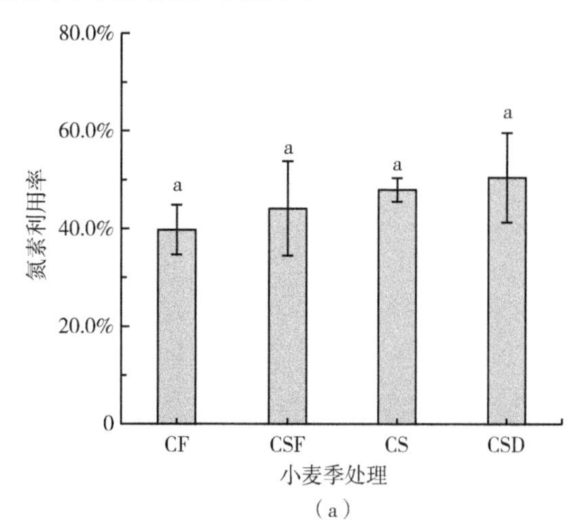

（a）

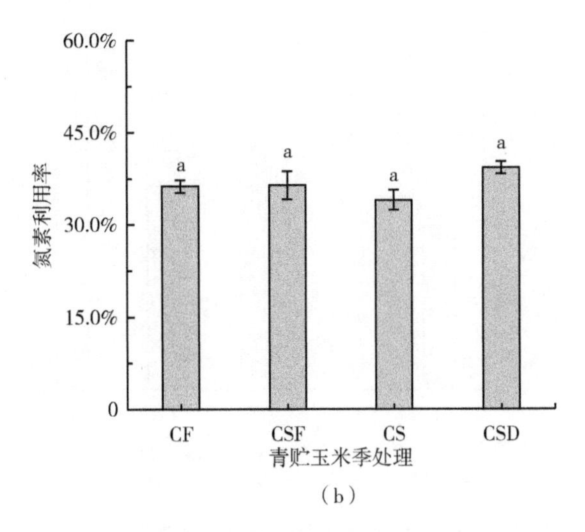

（b）

图 5-2　不同施肥处理的小麦季和玉米季氮素利用率

3. 粪水施用对土壤氨挥发的影响

从图 5-3（a）可以看出，在小麦季，随着浇灌施用粪水量的增加，氨挥发量随之增加；施肥处理中，相比 CF 处理，CSF 和 CS 处理的氨挥发量分别增加了 5.6% 和 27.1%。但是由于 CSD 处理采取了粪水深施措施，其氨挥发量相比 CF 和 CS 处理显著降低，分别下降了 15.3% 和 30.0%。CF、CSF、CS 和 CSD 4 个处理的小麦季氨挥发系数分别为 4.22%、4.08%、6.86% 和 2.85%。相比 CF 和 CS 处理，CSD 处理显著降低了氨挥发系数［图 5-4（a）］。

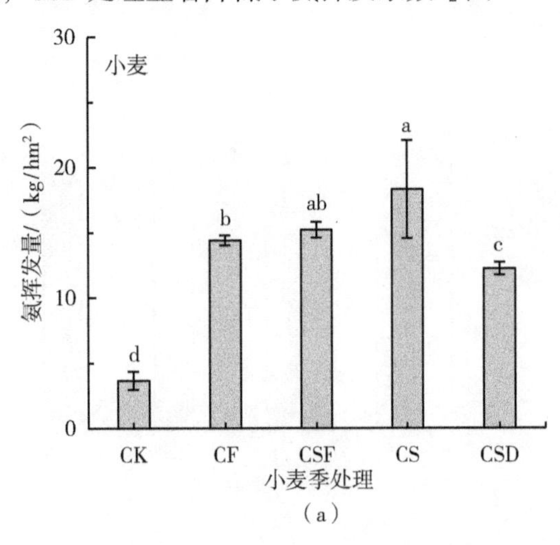

（a）

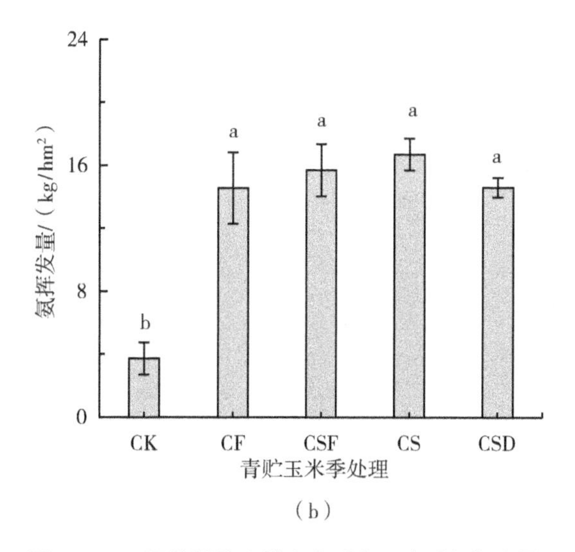

（b）

图 5-3　不同施肥处理的小麦季和玉米季氨挥发量

与小麦季不同的是，在玉米季，4 个施氮肥处理间的氨挥发量差异不显著［图 5-3（b）］。以至于 4 个施氮肥处理间的氨挥发系数差异也不显著［图 5-4（b）］。CF、CSF、CS 和 CSD 4 个施氮肥处理的玉米季氨挥发系数分别为 5.16%、5.70%、6.18% 和 5.18%。但 CSD 处理相比 CS 处理的氨挥发量和氨挥发系数还是分别降低了 12.6% 和 16.2%。

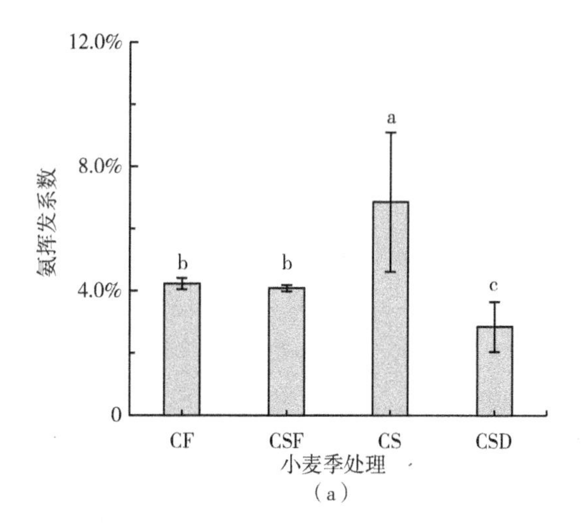

（a）

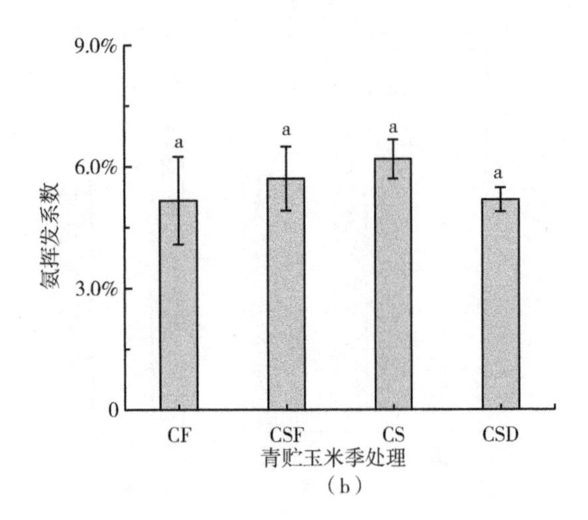

图 5-4　不同施肥处理的小麦季和玉米季氨挥发系数

4. 粪水施用对土壤氮淋失的影响

由图 5-5（a）可以看出，在小麦季，相比施用化肥，施用粪水显著降低了无机氮淋失量，也随之显著降低了氮淋失率。如图 5-6（a）所示，CF、CSF、CS 和 CSD 4 个处理的小麦季氮淋失率分别为 9.52%、5.51%、2.55% 和 5.79%。相比 CF 处理，CSF、CS 和 CSD 的氮淋失量分别降低了 38.5%、66.7% 和 35.8%。粪水深施处理（CSD）相比粪水浇灌（CS）氮淋失量增加了 91.8%。4 个施肥处理中，氮淋失以硝态氮为主，占氮淋失总量的 97.8% ～ 99.3%。

与小麦季相同的是，在玉米季，施用粪水相比施用化肥也显著降低了无机氮淋失量［图 5-5（b）］，进而显著降低氮淋失率［图 5-6（b）］。相比 CF 处理，CSF、CS 和 CSD 的氮淋失量分别降低了 22.6%、35.8% 和 66.7%。同样的在玉米季，氮淋失主要成分也是硝态氮，占氮淋失总量的 86.3% ～ 97.7%。CF、CSF、CS 和 CSD 4 个处理的玉米季氮淋失率分别为 3.25%、2.36%、1.70% 和 0.94%。与小麦季不同的是，在玉米季的每个施肥处理的氮淋失量和氮淋失率均小于小麦季。且 CSD 相比 CS 处理氮淋失量减少了 30.7%。

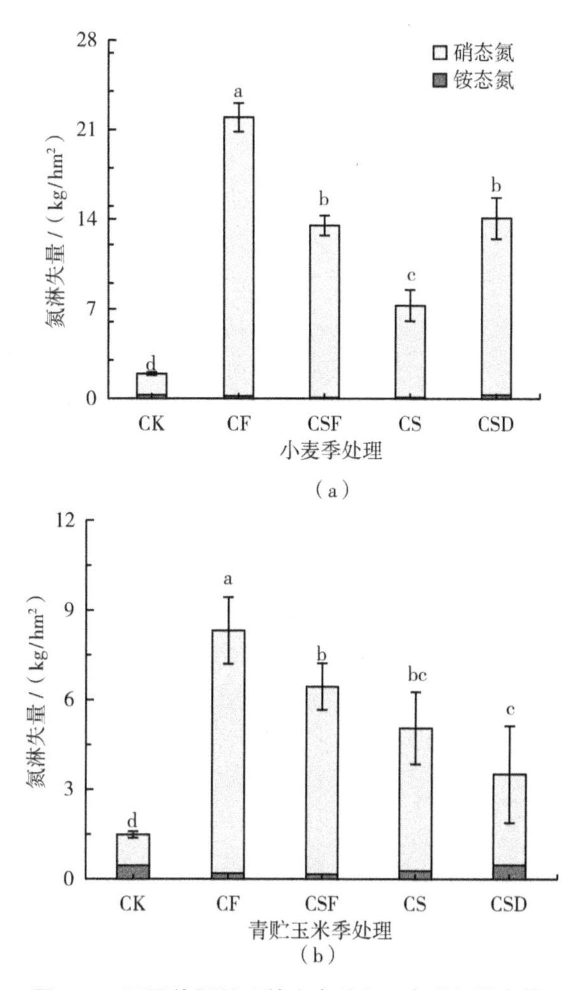

图 5-5　不同施肥处理的小麦季和玉米季氮淋失量

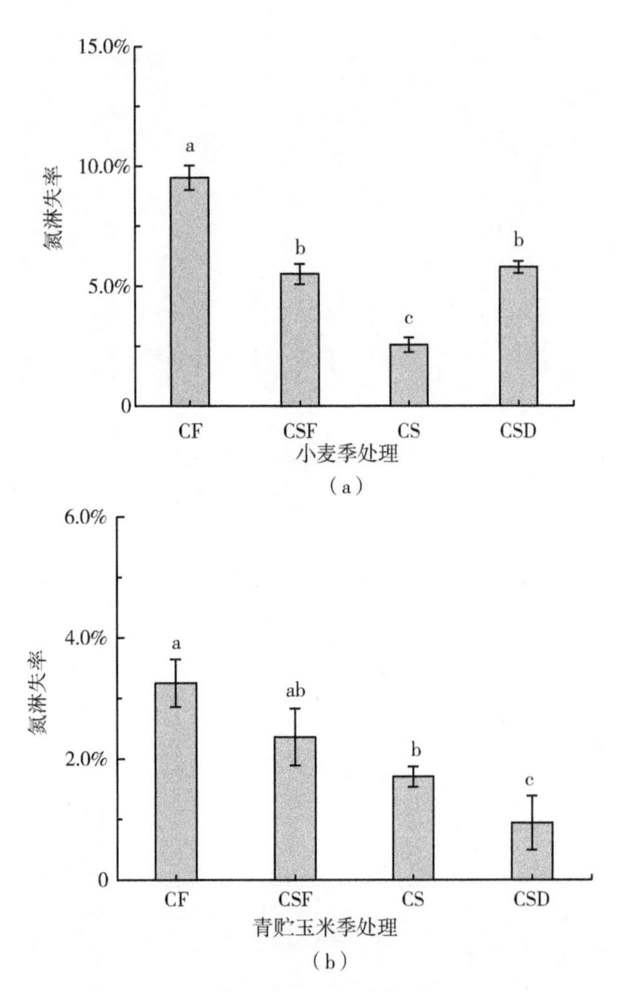

图 5-6 不同施肥处理的小麦季和玉米季氮淋失率

三、讨论

发酵后的粪水不仅含有大量的氮、磷、钾等作物生长必需的营养元素，还含有氨基酸、微量元素和腐殖酸等，能改善土壤状况，刺激作物生长（Rahaman et al., 2021; Frana et al., 2021; Jin et al., 2021）。杜会英等（2016）发现牛场粪水与化肥配施对小麦产量有促进作用。郭海刚等（2012）在利用牛场粪水灌溉冬小麦的试验中发现，粪水灌溉与正常施肥相比可以提高冬小麦品

质和产量，冬小麦籽粒中蛋白质质量分数和产量分别提高了 2.5% ～ 8.3% 和 4.6% ～ 6.6%。这说明施用粪水是提高土壤肥力、增加作物产量和改善作物品质的重要措施（崔宇星 等，2020）。本研究的结果也表明，施用粪水尤其是粪水深施条件下，相比化肥可以增加小麦籽粒产量及氮素利用率。虽说在玉米季，施用粪水相比施用化肥青贮玉米产量和氮素利用率均较低，但各处理间差异不显著。造成以上结果的原因可能是在玉米季由于温度较高，试验地又是碱性土壤，富含 NH_4^+ 粪水施入土壤，氮素会通过氨挥发等途径而损失（张朋月 等，2020），这可能是浇灌粪水的氮素利用率低于化肥的原因。但从整个年度来看，常规化肥、粪水配施化肥、粪水浇灌和粪水深施 4 个处理在等氮投入条件下的氮素利用率分别为 38.0%、40.3%、41.0% 和 44.9%。这说明施用粪水会增加华北小麦—玉米轮作系统的年度氮素利用率。

土壤氨挥发和氮淋失是华北农田氮素损失的两个主要途径（秦雪超 等，2020；张英鹏 等，2019）。本研究中，相比施用化肥，浇灌粪污水显著增加了小麦季的氨挥发量，但是显著降低了小麦季的氮淋失量；在玉米季，氨挥发量和氮淋失量变化趋势与小麦季的相同，但是各处理间差异不显著。常规化肥粪水化肥配施、粪水浇灌和粪水深施 4 个处理的氨挥发量在小麦季占氮损失量（氨挥发量 + 氮淋失量）的比例分别为 39.6%、52.9%、71.5% 和 46.4%，而在玉米季的这个比例则分别是 71.5%、63.7%、70.9% 和 80.7%。因而，在粪污水施用过程中，减少氨挥发尤其是在玉米季是控制氮素损失的有效措施。研究表明，除温度和是否表面施用等物理因素外，影响粪水施用后土壤氨挥发的最重要因素是 pH 和氮素的有效性（Verdi et al.，2019），经测定本研究的土壤 pH 是 7.74，浇灌施用含有大量 NH_4^+ 的碱性粪水会引起氨大量挥发，而控制粪污水施用后土壤氨挥发的有效途径是粪污水酸化和粪污水深施（Fangueiro et al.，2017；胡瞒瞒 等，2020）。这也是为何在小麦季深施粪水会显著降低氨挥发的原因。在玉米季粪水深施对于降低氨挥发的效果并不好，这可能是玉米季温度过高或深施深度不够的原因，如果提高深施深度或酸化粪水可能会减少玉米季氨挥发量。氮素淋失是造成地下水污染或地表水富营养化的重要途径之一（Huang et al.，2017）。本研究的结果表明，施用粪污水会降低氮淋失，尤其是在小麦季。从整个年度来看，相比常规化肥处理，粪水化肥配施、粪水浇灌和粪水深施3个处理的氮素损失（氨挥发+氮淋失）分别降低了14.2%、20.0%和25.0%。这说明施用粪水会降低华北小麦—玉米轮作系统的氮素损失。

综上，施用粪水相比化肥在维持产量的同时，不仅提高了作物氮素利用率，还降低了土壤氮素损失，其中等氮量替代化肥、粪水深施的措施效果最好。并且粪水还能节约灌溉水，经核算每年每公顷可节约450～467 t的灌溉水。因而，农田施用粪水不仅解决了养殖场粪污处理难的问题，还为农作物生产节约了水肥，是实现华北地区绿色种养循环农业的有效措施。但同时需要注意，粪水施入农田可能会带来N_2O排放量增高和重金属及抗生素污染等问题（Nguyen et al.，2017；王小彬 等，2021），值得今后进一步研究。

四、结论

1）在同等施氮量条件下，施用牛场粪水不仅不会降低作物产量，还会提高华北小麦—玉米轮作体系年度氮素利用率，粪水配施化肥、粪水浇灌和粪水深施相比常规化肥处理，氮素利用率分别提高了6.0%、7.9%和18.1%。

2）施用牛场粪水引起的氮素损失主要是氨挥发，尤其是在玉米季，占了氮损失（氨挥发量+氮淋失量）的63.7%～80.7%，采取措施减少粪水施用过程中的氨挥发量，可进一步降低氮素损失造成的环境风险。施用牛场粪水可以通过降低氮淋失而降低氮损失，相比常规化肥处理，粪水配施化肥、粪水浇灌和粪水深施的年度氮损失量分别降低了14.2%、20.0%和25.0%。

3）粪水深施是维持作物产量，同时提高氮素利用率和降低氮素损失的有效措施。

第二节　奶牛粪便堆肥冬小麦还田利用技术

一、材料与方法

1. 试验地概况

试验于2021年10月至2022年6月在东营市河口区进行。供试冬小麦品

种为“师栾 02-1”。试验地土壤基本理化特征如表 5-2 所示。

表 5-2　试验地土壤基本理化特征

土壤类型	容重 /（g/cm³）	pH	有机质含量 /（g/kg）	全氮含量 /（g/kg）	碱解氮含量 /（mg/kg）	有效磷含量 /（mg/kg）	速效钾含量 /（mg/kg）
盐土	1.47	8.35	9.7	0.64	50.7	162	206

2. 试验设计

本试验共设 5 个处理，每个处理重复 3 次，共 15 个小区，每个小区 30 m^2。具体施肥设计如下：

处理 1：不施肥，不施用任何肥料（CK）；

处理 2：常规施肥，每亩化肥用量（N、P_2O_5、K_2O）分别为 17.8 kg、16.8 kg、0 kg（CON）；

处理 3：优化施肥，每亩化肥用量（N、P_2O_5、K_2O_5）分别为 14 kg、7 kg、7 kg（OPT）；

处理 4：堆肥替代化肥 15% 用量的，优化施肥的基础上，用堆肥替代 15% 化肥氮，堆肥与化肥磷钾总和与优化施肥相同（DF1）；

处理 5：堆肥替代化肥 30% 的用量，优化施肥的基础上，用堆肥替代 30% 化肥氮，堆肥与化肥磷钾总和与优化施肥相同（DF2）。

上述试验所用堆肥为露天简易堆肥，主要原料为奶牛粪和秸秆，发酵方式为条垛式发酵，发酵腐熟 2 个月以上，堆肥养分特征如表 5-3 所示。

表 5-3　堆肥养分特征

水分含量	有机质含量	氮含量	磷（P_2O_5）含量 /（mg/kg）	钾（K_2O）含量 /（mg/kg）
35%	45%	1.5%	1.0	1.8

3. 田间试验过程、种植情况

撒施堆肥与化肥后旋耕、播种，随后灌溉 1 次，后期根据墒情灌溉，追肥 1 次。试验过程中没有出现病虫害毁灭性情况及其他影响试验结果的因素。

二、样品采集、测试与分析

1. 土壤肥力

测试种植前及收获后 0 ～ 20 cm 土壤容重、pH、全氮、全磷、全钾、碱解氮、速效磷、速效钾、有机质含量和阳离子交换量。

2. 产量

冬小麦收获时，每个小区取 3 m^2 进行测产。

3. 计算方法

1）产值 = 产量 × 产品单价。

2）相对净收益（效益）= 产值 – 肥料成本 – 其他成本。

4. 数据分析

所得数据使用 Excel 2016 进行处理和作图，采用 SPSS 软件进行处理间显著性差异分析。

三、试验进展

2021 年 10 月 21 日施肥、耕地，22 日播种，此期间按照具体的规定进行追肥，其他灌水、打药等田间管理措施按农民习惯，2022 年 6 月 1 日进行测产。

四、结果分析

1. 堆肥还田对冬小麦产量的影响

从图 5–7 可以看出，施肥能显著增加冬小麦产量。

CK、CON、OPT、DF1 和 DF2 的冬小麦产量分别为 128 kg/ 亩、237 kg/ 亩、246 kg/ 亩、288 kg/ 亩和 279 kg/ 亩。与 CON 相比，OPT、DF1 和 DF2 的冬小麦产量分别提高了 4.1%、21.9% 和 17.8%。这表明优化施肥和用堆肥替代一定量的化肥可增加冬小麦产量，本次试验中 DF1 处理（在优化施肥的基础上，用堆肥替代 15% 的化肥氮）增产效果最好。

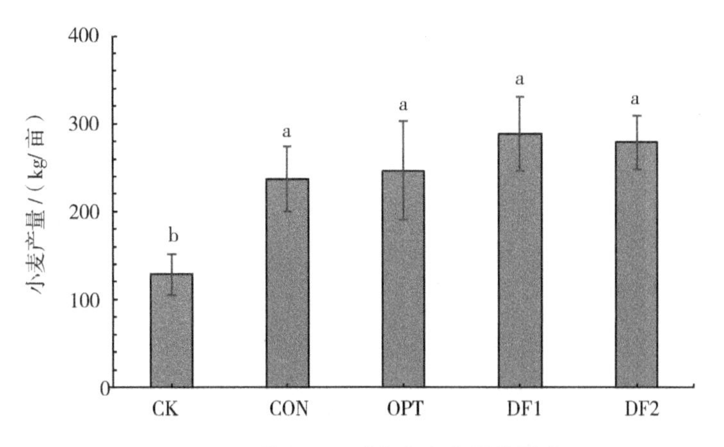

图 5-7　堆肥还田对冬小麦产量的影响

（注：不同小写字母表示在 $P<0.05$ 水平处理间差异显著）

2. 堆肥还田对土壤理化性质的影响

（1）堆肥还田对土壤容重的影响

土壤容重可作为土壤熟化程度指标之一，容重越小，熟化程度越高。由表 5-4 可知，相比试验前，所有处理均降低了土壤容重。其中 DF2 处理的容重最小，降低幅度最大。这表明施肥和耕作对土壤容重的影响较大，用有机堆肥替代一定量的化肥可提高土壤熟化程度。

表 5-4　不同施肥处理的土壤理化性质

处理	容重 /（g/cm^3）	pH	EC/（mS/cm）	有机质含量	阳离子交换量 / [cmol(+)/kg]
初始	1.47a	8.35b	0.62a	9.7%bc	10.5a
CK	1.38ab	7.86c	0.42ab	9.1%bc	8.3a
CON	1.32abc	8.58a	0.56ab	7.4%c	12.0a
OPT	1.19bc	8.30ab	0.38b	8.6%bc	10.6a
DF1	1.24bc	8.22b	0.55ab	11.2%b	10.4a
DF2	1.15c	8.17b	0.56ab	14.8%a	8.3a

注：不同字母表示不同处理间在 $P<0.05$ 水平差异显著，余同。

（2）堆肥还田对土壤 pH 的影响

土壤酸碱度影响土壤肥力的高低，且对植物的生长发育有影响。由表 5–4 可知，相比试验前，除了 CON 处理外，所有处理均降低了土壤 pH。施肥处理中，堆肥处理的土壤 pH 下降幅度较大，说明堆肥能改善土壤酸碱环境。

（3）堆肥还田对土壤 EC 值的影响

EC 值表示土壤中可溶性盐分的高低，土壤盐分同样影响土壤肥力的高低，盐度过高会抑制作物的生长。由表 5–4 可知，相比试验前，所有处理均降低了 EC 值。相比 OPT 处理，堆肥还田处理增加了土壤 EC 值，但处理间差异不显著。

（4）堆肥还田对土壤有机质含量的影响

土壤有机质是表征土壤肥力高低的重要指标。由表 5–4 可知，施用化肥会降低土壤有机质含量，堆肥还田会增加土壤有机质含量。相较于试验开始前，DF1 和 DF2 处理的土壤有机质含量增幅分别为 15.5% 和 52.6%。这表明堆肥还田可以快速提高土壤有机质含量。

（5）堆肥还田对土壤阳离子交换量的影响

土壤阳离子交换量是影响土壤缓冲能力高低，也是评价土壤保肥能力、改良土壤和合理施肥的重要依据。一般来说，土壤阳离子交换量越高，土壤保肥能力越高。由表 5–4 可知，所有处理间的土壤阳离子交换量差异不显著。

（6）堆肥还田对土壤氮、磷和钾含量的影响

由表 5–5 可知，在冬小麦收获后，CK 处理由于不施肥，土壤氮磷钾含量均有所降低。施肥处理的土壤全氮含量较试验前有一定幅度的增加，OPT 由于降低了磷施用量，土壤全磷和速效磷有一定幅度的下降。尽管 DF1 和 DF2 均降低了施氮量和施磷量，但是并没有降低土壤中的氮磷含量。所有处理的钾含量还是处于较高水平。以上结果表明，堆肥还田处理对于土壤氮磷钾水平的保持均表现出较好的效果。

表 5–5　堆肥还田对土壤氮磷钾含量的影响

处理	全氮含量 /（g/kg）	全磷含量 /（g/kg）	全钾含量 /（g/kg）	速效氮含量 /（mg/kg）	速效磷含量 /（mg/kg）	速效钾含量 /（mg/kg）
初始	0.64bc	0.63abc	15.3a	23.4a	50.7b	206bc
CK	0.62c	0.54c	13.7a	5.4b	9.7a	216bc

续表

处理	全氮含量 /（g/kg）	全磷含量 /（g/kg）	全钾含量 /（g/kg）	速效氮含量 /（mg/kg）	速效磷含量 /（mg/kg）	速效钾含量 /（mg/kg）
CON	0.67bc	0.76a	17.6a	8.5b	20.5a	192c
OPT	0.77ab	0.58bc	16.5a	8.8b	13.8b	224bc
DF1	0.82ab	0.70ab	13.6a	18.4ab	17.3ab	245ab
DF2	0.87ab	0.73a	17.6a	19.9ab	30.1ab	280a

3. 堆肥还田对冬小麦收益的影响

由表 5-6 可知，相比 CON 处理，化肥减量及堆肥替代化肥均提高了效益。相比 CON 处理，OPT、DF1 和 DF2 每亩分别增收 35 元、132 元和 77 元。上述结果说明在优化施肥的基础上，用堆肥替代 15% 的化肥对提高农民种植效益有明显效果。

表 5-6　施用堆肥对冬小麦收益的影响

处理	产量 /（kg/ 亩）	产值 /（元 / 亩）	肥料成本 /（元 / 亩）	效益 /（元 / 亩）	增收 /（元 / 亩）	增收
CK	128	384	0	185	—	—
CON	237	711	275	236	—	—
OPT	246	738	267	271	35	16%
DF1	288	864	296	368	132	57%
DF2	279	837	324	313	77	33%

注：冬小麦价格按 3 元 / kg 计算，堆肥价格按 0.3 元 / kg 计算，复合肥价格按 4 元 / kg 计算，尿素价格按 4 元 / kg 计算，磷酸二铵价格按 5 元 / kg 计算，其他成本（种子、耕地及收获、灌溉及病虫害防治）按 200 元 / 亩计算。

五、结论

1）在优化施肥的基础上，一定比例堆肥替代化肥还田可以提高冬小麦产量。堆肥替代 15% 和 30% 的化肥还田，可增产 21.9% 和 17.8%。

2）堆肥替代一定比例化肥有利于提升土壤肥力。堆肥还田后的土壤容重、pH和盐分含量均下降，有机质含量提高、养分含量提高，土壤肥力整体也提高。

3）在优化施肥的基础上，堆肥替代化肥可提高冬小麦种植收益，堆肥替代15%和30%的化肥还田，每亩分别增收132元和77元。

综合冬小麦产量、土壤培肥及经济效益等方面分析，在本试验条件下，优化施肥前提下，用堆肥（牛粪）替代15%的化肥（以含氮量计算）比较适宜。

第三节　奶牛粪便堆肥甜瓜还田利用技术

一、材料与方法

1. 试验地概况

试验于2021年12月至2022年4月在东营市河口区温室大棚内进行。供试甜瓜品种为“博洋61”羊角蜜。

河口区位于山东省东营市的最北端，地处渤海之滨，黄河三角洲之前沿，该区属于暖温带半湿润季风气候区，四季分明。年平均气温为13.2 ℃，年平均地温为15.0 ℃，年平均日照时数为2800.8 h，年平均无霜期为234天、冻土期为44天，年平均降水量为598.1 mm。供试验地块为地势平坦、整齐、肥力均匀、肥力差异较小且具有代表性的不同施肥水平的田块。试验地土壤基本理化特征如表5-7所示。

表5-7　土壤基本理化特征

土壤类型	容重/（g/cm^3）	pH	有机质含量/（g/kg）	全氮含量/（g/kg）	碱解氮含量/（mg/kg）	有效磷含量/（mg/kg）	速效钾含量/（mg/kg）
盐土	1.55	7.8	16.6	1.11	136	162	289

2. 试验设计

本试验共设5个处理，每个处理重复3次，共15个小区，每个小区30 m^2。具体施肥设计如下：

处理 1：不施肥，不施用任何肥料（CK）；

处理 2：常规施肥，每亩化肥用量（N、P_2O_5、K_2O）分别为 22 kg、28 kg、22 kg（CON）；

处理 3：优化施肥，每亩化肥用量（N、P_2O_5、K_2O）分别为 20 kg、13 kg、30 kg（OPT）；

处理 4：堆肥替代 15% 的化肥，优化施肥的基础上，堆肥替代 15% 的化肥氮，堆肥与化肥磷钾总和与优化施肥相同（DM1）；

处理 5：堆肥替代 30% 的化肥，优化施肥的基础上，堆肥替代 30% 的化肥氮，堆肥与化肥磷钾总和与优化施肥相同（DM2）。

上述试验所用堆肥为露天简易堆肥，主要原料为牛粪和菌渣，发酵方式为条垛式发酵，发酵腐熟 2 个月以上。其养分特征如表 5-8 所示。

表 5-8　堆肥养分特征

水分含量	有机质含量	氮含量	磷（P_2O_5）含量 /（mg/kg）	钾（K_2O）含量 /（mg/kg）
35%	45%	1.5%	1.0%	1.8%

3. 田间试验过程、种植情况

施堆肥和化肥后旋耕起垄，每个小区种植甜瓜 80 株，株距为 50 cm，行距为 75 cm，每 5 ~ 10 天滴灌 1 次，每 7 ~ 15 天随滴灌系统追肥 1 次。试验期间采取的其他田间管理措施，如铺地膜、防病等，各试验小区实施水平严格一致，试验于 2022 年 4 月 24 日结束。试验过程中没有出现病虫害毁灭性情况及其他影响试验结果的因素。

二、样品采集、测试与分析

1. 土壤肥力

测试种植前及收获后 0 ~ 30 cm 土壤容重、pH、全氮、全磷、全钾、碱解氮、速效磷、速效钾、有机质含量和阳离子交换量。

2. 产量和品质

于果实成熟期采收甜瓜，采收时对各小区甜瓜产量进行记录。

果实鲜样进行维生素 C 含量、蛋白质含量、硝酸盐含量、可溶性糖含量和酸度 5 个品质指标的检测，分别采用 2, 6– 二氯酚靛酚滴定法、考马斯亮蓝法、3, 5 – 二硝基水杨酸显色法、蒽酮比色法和 NaOH 滴定法测定。

3. 计算方法

1）产值 = 产量 × 产品单价。

2）相对净收益（效益）= 产值 – 肥料成本 – 其他成本。

4. 数据分析

所得数据使用 Excel 2016 进行处理和作图，采用 SPSS 软件进行处理间显著性差异分析。

三、试验进展

2021 年 12 月 21 日施肥、耕地，12 月 28 日定值，此期间按照具体的方案多次追肥，其他灌水、打药等田间管理措施按农民习惯，甜瓜采摘时每个小区单独计产，2022 年 4 月 24 日采收。

四、结果分析

1. 堆肥还田对甜瓜产量的影响

由图 5–8 可知，施肥能显著增加甜瓜产量（增加 80% ～ 130%）。CK、CON、OPT、DF1 和 DF2 处理的甜瓜产量分别为 1502 kg/ 亩、2700 kg/ 亩、2759 kg/ 亩、3451 kg/ 亩和 2885 kg/ 亩。与 CON 相比，OPT、DF1 和 DF2 处理的甜瓜产量分别提高了 2.2%、27.9% 和 6.9%。这表明优化施肥和用堆肥替代一定量化肥可以增加甜瓜产量，本次试验中 DF1 处理（在优化施肥的基础上，堆肥替代 15% 的化肥氮）增产效果最好。

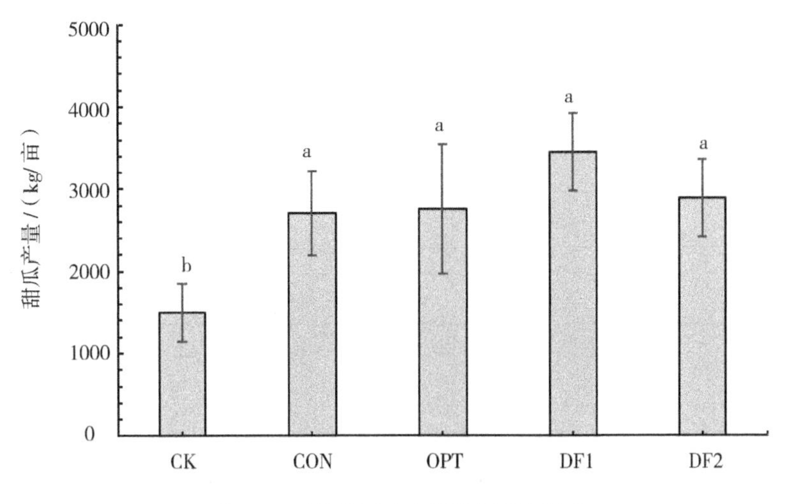

图 5-8　堆肥还田对甜瓜产量的影响

（注：不同小写字母表示在 $P < 0.05$ 水平处理间差异显著）

2. 堆肥还田对甜瓜品质的影响

维生素 C 含量、蛋白质含量、硝酸盐含量、可溶性糖含量和酸度是表征瓜果蔬菜品质好坏的主要指标。由表 5-9 可知，堆肥替代化肥的处理（DF1 和 DF2）相比常规施肥处理（CON）提高了甜瓜维生素 C 含量和可溶性糖含量，维生素 C 含量分别提高了 58.2% 和 48.2%，可溶性糖含量分别提高了 7.4% 和 9.8%；并且 DF1 相比 CON 提高了蛋白质含量，增幅达到了 9.8%。同时发现，相比 CON 处理，OPT 和 DF1 处理降低了酸度和硝酸盐含量，酸度分别下降了 15.7% 和 2.8%。OPT、DF1 和 DF2 处理相比 CON 处理，硝酸盐含量分别下降了 35.8%、32.3% 和 31.8%。上述结果表明，堆肥替代部分化肥（15%）能提升甜瓜品质。

表 5-9　不同施肥处理的甜瓜品质性状

处理	维生素 C 含量 /（mg/100 g）	蛋白质含量 /（g/kg）	可溶性糖含量	有机酸含量	硝酸盐含量 /（mg/kg）
CK	2.33a	1.24a	4.89%a	0.11‰ a	86.1b

续表

处理	维生素 C 含量 /（mg/100 g）	蛋白质含量 /（g/kg）	可溶性糖含量	有机酸含量	硝酸盐含量 /（mg/kg）
CON	5.24a	1.32a	5.02%a	0.12‰a	106a
OPT	7.75a	1.31a	5.38%a	0.10‰a	68.1b
DF1	8.29a	1.45a	5.39%a	0.11‰a	71.8b
DF2	7.77a	1.30a	5.51%a	0.12‰a	72.3b

注：同一列不同字母表示在 $P < 0.05$ 水平处理间差异显著。

3. 堆肥还田对土壤理化性质的影响

（1）堆肥还田对土壤容重的影响

土壤容重可作为土壤熟化程度指标之一，容重越小，熟化程度越高。由表 5-10 可知，相比于试验前，所有处理均降低了土壤容重。其中 DF1 处理的容重最小，降低幅度最大。这表明施肥和耕作对土壤容重的作用影响较大，用有机堆肥代替一定量化肥可以提高土壤熟化程度。

表 5-10　不同施肥处理的土壤理化性质

处理	容重 /（g/cm^3）	pH	有机质含量	盐分含量	阳离子交换量 /［cmol(+)/kg］
初始	1.41a	7.80a	19.6%b	3.02‰a	7.33b
CK	1.12b	7.30b	21.0%b	3.85‰a	7.49b
CON	1.09b	7.29b	26.0%ab	4.12‰a	8.56a
OPT	1.09b	7.47ab	25.2%ab	3.19‰a	7.71ab
DF1	1.02b	7.43ab	28.2%a	2.65‰a	7.51b
DF2	1.08b	7.51ab	29.7%a	4.12‰a	8.44a

注：不同字母表示不同处理间在 $P < 0.05$ 水平差异显著。

（2）堆肥还田对土壤 pH 的影响

土壤酸碱度影响土壤肥力的高低，且对植物的生长发育有影响。由表 5-10 可知，相比试验前，所有处理均降低了土壤 pH。尽管 DF1 和 DF2 处理的土

壤 pH 相比 CON 处理有所增加，但处理间的差异不显著。

（3）堆肥还田对土壤含盐量的影响

土壤盐分同样影响土壤肥力的高低，盐度过高会抑制作物的生长。由表 5-10 可知，相比试验前，所有处理（除 DF1 处理）均提高了土壤盐分含量。说明施肥会增加土壤盐分，而合理的化肥减量和堆肥替代可降低土壤盐分含量。

（4）堆肥还田对土壤有机质含量的影响

土壤有机质是表征土壤肥力高低的重要指标。由表 5-10 可知，施肥会增加土壤有机质含量，尤其是施用堆肥。CON、OPT、DF1 和 DF2 处理的土壤有机质含量增幅分别为 32.7%、28.6%、43.9% 和 51.5%。并且堆肥还田处理的土壤有机质含量要明显高于其他处理的。这表明堆肥还田可以提高土壤肥力。

（5）有机肥施用对土壤阳离子交换量的影响

土壤阳离子交换量是影响土壤缓冲能力高低，也是评价土壤保肥能力、改良土壤和合理施肥的重要依据。一般来说，土壤阳离子交换量越高，土壤保肥能力越高。由表 5-10 可知，施肥增加了阳离子交换量。

（6）堆肥还田对土壤氮、磷和钾含量的影响

从表 5-11 的结果来看，各试验处理在甜瓜收获后，除了不施肥（CK）处理，施肥处理的土壤全氮含量较试验前均有大幅度增加，但是除了 CON 处理，其他处理的土壤速效氮含量均明显降低，说明 CK 处理在不施肥的情况下，番茄生长主要靠吸收土壤残留的氮素；OPT、DF1 和 DF2 处理的氮肥用量减少了 10%，试验收获后土壤速效氮含量较试验前降低了 41.9% ～ 58.1%，说明优化施肥和堆肥还田可以促进番茄对土壤残留速效氮素的吸收，进而降低土壤速效氮的盈余。

表 5-11　堆肥还田对土壤氮磷钾含量的影响

处理	全氮含量 /（g/kg）	全磷含量 /（g/kg）	全钾含量 /（g/kg）	速效氮含量 /（mg/kg）	速效磷含量 /（mg/kg）	速效钾含量 /（mg/kg）
初始	1.11c	1.36b	16.2c	136a	162b	289a

续表

处理	全氮含量 /（g/kg）	全磷含量 /（g/kg）	全钾含量 /（g/kg）	速效氮含量 /（mg/kg）	速效磷含量 /（mg/kg）	速效钾含量 /（mg/kg）
CK	1.06c	0.73c	15.8c	92abc	270a	212b
CON	1.77a	0.65c	21.3a	120ab	291a	203b
OPT	1.46b	0.67c	21.1a	72c	198ab	159b
DF1	1.34bc	1.86a	18.4b	57bc	232ab	141b
DF2	1.59ab	1.57a	17.9b	79bc	250ab	196b

注：不同字母表示不同处理间在 $P < 0.05$ 水平差异显著。

由表 5-11 可知，不同施肥处理对土壤全磷和速效磷含量有明显影响。不施肥和施用化肥处理降低了土壤全磷含量，而堆肥还田处理则增加了土壤全磷含量。施肥增加了速效磷含量，说明施肥可以增加土壤养分供给能力，其中堆肥还田处理对于土壤肥力有很大的提升作用。

由表 5-11 可知，不同试验处理对土壤全钾和速效钾含量有明显的影响，施肥处理增加了土壤全钾含量，降低了土壤速效钾含量。尽管试验结束后各处理土壤速效钾含量出现下降现象，但也处在极高水平上。这说明通过优化施肥可以降低土壤钾盈余。

（7）堆肥还田对甜瓜收益的影响

由表 5-12 可知，相比 CON 处理，化肥减量及堆肥替代化肥均提高了效益。相比 CON 处理，OPT、DF1 和 DF2 每亩分别增收 980 元、10 445 元和 2480 元。上述结果说明在优化施肥基础上，用堆肥替代 15% 的化肥对提高农民种植效益有明显效果。

表 5-12　堆肥还田对甜瓜收益的影响

处理	产量 /（kg/ 亩）	产值 /（元 / 亩）	肥料成本 /（元 / 亩）	效益 /（元 / 亩）	增收 /（元 / 亩）	增收
CK	1502	21 028	0	18 028	—	—
CON	2700	37 800	1850	32 950	—	—

续表

处理	产量 /（kg/ 亩）	产值 /（元 / 亩）	肥料成本 /（元 / 亩）	效益 /（元 / 亩）	增收 /（元 / 亩）	增收
OPT	2759	38 626	1696	33 930	980	3.0%
DF1	3451	48 314	1919	43 395	10 445	31.7%
DF2	2885	40 390	1960	35 430	2480	7.9%

注：甜瓜价格按 14 元 /kg 计算，堆肥价格按 0.3 元 /kg 计算，复合肥价格按 5 元 /kg 计算，尿素价格按 4 元 /kg 计算，水溶肥价格按 20 元 /kg 计算，其他成本（苗、薄膜、人工、灌溉及病虫害防治）按 3000 元 / 亩计算。

五、结论

1）在优化施肥基础上，一定比例堆肥替代化肥还田可以提高甜瓜产量。堆肥替代 15% 和 30% 化肥还田，分别增产 27.8% 和 6.9%。

2）在优化施肥基础上，堆肥替代化肥可以提高甜瓜维生素 C 含量、可溶性糖含量和降低酸度和硝酸盐含量，进而提高甜瓜品质。

3）堆肥替代一定比例化肥有利于提升土壤肥力。施用堆肥替代 15% 化肥，土壤容重、pH 和盐分含量下降，有机质含量提高、养分含量提高，土壤肥力整体提高。

4）在优化施肥基础上，堆肥替代化肥可以提高甜瓜种植收益，堆肥替代 15% 和 30% 化肥，每亩分别增收 10 445 元和 2480 元。

综合甜瓜产量、品质和土壤培肥及经济效益等方面分析，在本试验条件下，优化施肥前提下的堆肥（牛粪）替代化肥 15%（以含氮量计算）比较适宜。

第四节　鸡粪有机肥安全还田利用技术

近几年，随着经济的发展与人民生活水平的提高，人们的生活方式和饮食结构发生改变，对动物性蛋白质需求量逐年上升，因此畜禽养殖量逐年提升，随之带来了大量的污染。第一次全国污染源普查数据表明，化学需氧量（COD）、总氮排放量、总磷排放量等主要污染物指标，农业源污染物排放占全国排放总量的比重分别为43.7%、57.2%、67.4%，其中畜禽粪便中COD、总氮排放量、总磷排放量分别为1268万t、106万t、16万t，分别占农业污染源产生量的96%、38%、65%（史瑞祥 等，2017）。近年的污染源普查动态更新数据显示，畜禽粪尿污染物产生量在全国污染物总产生量中的占比有所上升。

我国是集约化家禽养殖大国，1978—2010年家禽数量每年均以5.4%的速度增长（Liu et al., 2012），我国禽蛋产量和鸡肉产量分别为全球第一和第二（迪娜·吐尔生江 等，2018）。黄淮海地区是我国畜禽养殖集约化程度最高的地区，也是我国畜禽养殖的重点地区（鞠昌华 等，2016），区域范围涉及河北、河南、山东等7个省，蛋鸡数量占全国50%以上（范建华 等，2017）。黄淮海地区以全国土地面积的4.9%和耕地面积的1/6，生产了占全国41%的禽蛋，与此同时，养殖粪便、尿液产生量达3.23亿t，养殖粪污含氮磷量为183.8万t、总磷量为35.8万t，占全国产生量的33.0%、37.3%。养殖污染排放负荷居全国同类地区之首。

由于家禽没有咀齿，肠道较短，而且消化腺分泌又不旺盛，因此几乎70%的饲料未经消化就会排出（陈芬 等，2019），使得粪便中含有一定量的有机质和氮、磷、钾及其他植物生长所需要的营养元素，这是植物重要的养分资源（李书田 等，2009），但粪尿中的氮、磷也是导致环境污染的重要因素，若不及时处理，将对环境造成严重污染（Ravindran et al., 2016）。

近年来，很多学者对家禽氮磷污染进行了研究。陈芬等研究了晋北地区规模化养殖场畜禽粪便中养分含量，研究结果发现，畜禽粪便中的养分和重金属含量变化范围较大，鸡粪和猪粪中的TN、P_2O_5含量显著高于牛粪，而牛粪中的K_2O含量显著高于鸡粪。李丹阳等（2019）通过分析国内外畜禽养殖废弃物已有系统DSS的经验和不足，结合我国畜禽养殖、废弃物处理和利用方式的区域特点，提出适合我国畜禽养殖废弃物养分管理的DSS开发思路，详细阐述了数据库和模型库构建方法及其对整体管理方案决策的作用。

随着家禽养殖业规模化、集约化快速发展，大量鸡粪未经处理直接在农田使用，造成农田土壤氮磷严重超标，进一步影响农产品安全和农田生态环境安全。因此，针对黄淮海养殖区家禽粪便氮磷污染问题，进行黄淮海集约

化家禽养殖污染防治技术模式研究与示范，进行鸡粪有机肥小麦—玉米轮作农田利用技术研究，对指导鸡粪有机肥科学还田利用具有非常重要的意义。

一、研究地区与研究方法

1. 试验地概况

鸡粪有机肥田间试验于 2018 年 10 月至 2020 年 10 月在山东省德州市农业科学研究院科技园区进行。该地区为典型华北平原地区和冬小麦—夏玉米轮作区，地势平坦，属温带大陆性季风气候，年均气温为 12.9 ℃，年均日照为 2592 h，年均降雨量为 547.5 mm，无霜期年均达 208 天。供试土壤类型为潮土、砂质壤土。供试土壤的基本理化性质如表 5-13 所示。

表 5-13　供试土壤的基本理化性质

土层 /cm	pH	有机质 /(g/kg)	全氮 /(g/kg)	有效磷 /(mg/kg)	速效钾 /(mg/kg)
0 ～ 20	8.59	13.17	0.80	34.27	117.00

2. 试验设计

试验共设计 5 个处理，每个处理重复 3 次，每个试验 270 m^2，具体试验设计如下：

CF：农民常规施肥；

QM: 有机肥替代小麦季 15% 化肥氮(有机肥氮替代小麦季基肥 1/4 化肥氮)；

HM: 有机肥替代小麦季 30% 化肥氮(有机肥氮替代小麦季基肥 1/2 化肥氮)；

TM: 有机肥替代小麦季 45% 化肥氮(有机肥氮替代小麦季基肥 3/4 化肥氮)；

AM: 有机肥替代小麦季 60% 化肥氮(有机肥氮替代小麦季基肥全部化肥氮)。

所有处理的氮肥基肥与追肥比例为 6∶4，有机肥替代量以氮量计算，磷钾肥化肥补充，磷钾肥和有机肥全部基施，只有在小麦季基肥时施用有机肥。其中小麦季氮、磷、钾施用量分别为 270 kg/hm^2、180 kg/hm^2、120 kg/hm^2，玉米季的氮、磷、钾施用量分别为 240 kg/hm^2、90 kg/hm^2、120 kg/hm^2。小麦季基肥撒施后，旋耕，小麦季追肥与玉米季施肥均为撒施，随后灌溉，每季根据土壤墒情灌溉 2 ～ 3 次。除草和杀虫等农田管理措施根据当地常规进行。

3. 测定指标及方法

（1）作物产量测定

作物产量采用田间小区试验实时收获的方法进行测定。收获时，每个小区取植物样测产：冬小麦收获，每小区取 3 个 3 m^2 样方共 9 m^2 进行测产；夏玉米收获，每小区取样面积为 6 m × 3 m，共 18 m^2 进行测产。风干、称重后计算各处理产量。

（2）作物氮素和磷素吸收量

在作物收获期，各处理分别取小麦和玉米籽粒和植株，烘干后将其粉碎，测定各部分全氮和全磷含量。氮和磷分别用半微量凯氏定氮法和钼锑抗比色法测定。

（3）氨挥发测定

本研究在小麦季和玉米季施肥后，用海绵法对每个样地进行了氨挥发监测，每天监测 1 次，连续监测 15 天。具体监测方法及计算方法如下：选用 2 块直径为 16 cm，厚度为 2 cm 的海绵，浸入磷酸甘油溶液（50 mL 磷酸 + 40 mL 丙三醇，用蒸馏水定容至 1000 mL），两面浸泡均匀，然后取聚氯乙烯硬质塑料管（高 10 cm，内径 15 cm），将它们分别横置于其中。下层的海绵与土壤相距 5 cm，主要吸收土壤挥发出来的氨气；为避免下层海绵污染，将上层的海绵与管顶部齐平，用来阻隔空气中存在的微量氨气（图 5-9）。24 h 后取样，取样时戴灭菌无氮手套，将下层海绵取出，迅速装入已编号的自封袋中，立刻带回试验室检测。将吸收氨气的海绵置于 500 mL 塑料瓶中，向瓶中加入 300 mL 浓度为 1 mol/L 的 KCl 溶液，振荡 1 h 后测定。测定时，取过滤后的浸提液用流动分析仪测定溶液中的氨态氮含量。通过如下公式计算田间土壤的氨挥发速率：

$$NH_3\text{-}N\ (N\ kg/hm^2/d) = [M/(A/D)]/100。\qquad (5\text{-}4)$$

式中：M 为单个装置平均每次测得的氨量，mg；A 为塑料管横截面积，m^2；D 为每次连续捕获的时间，d。

累加每天的氨挥发量就能得到整个作物季的总氨挥发量。

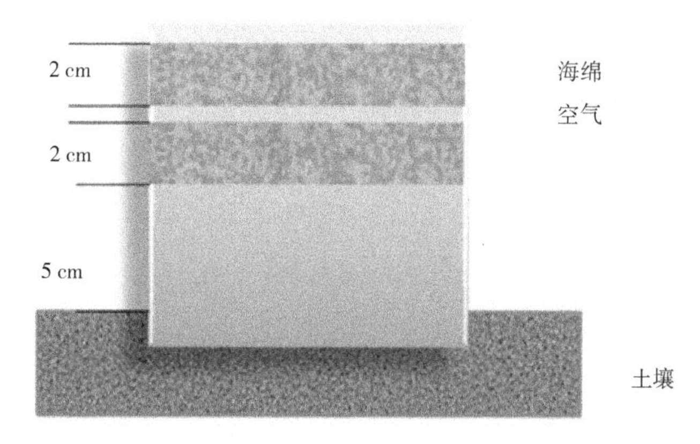

图 5-9　氨挥发装置示意

（4）氮淋溶量测定

本研究在小麦季和玉米季用淋溶桶法对每个样地进行了氮淋洗监测：在每个试验小区的地下固定深度（不破坏原状土的条件下），安装 25 L 淋溶桶，收集土壤渗漏液，以确定渗漏液体积和浓度，安装深度为 90 cm。每次灌溉后或降雨后，由地下淋溶桶流出的淋溶液经导管进入集液桶，再对淋溶液进行人工采集，用量筒测定水样体积，用流动分析仪测定淋溶液的铵态氮、硝态氮、总氮浓度。

氮淋溶量计算方法：

以地下淋溶途径流失的污染物淋溶液体积等于整个监测周期中（一个完整的周年）各次淋溶液体积之和，计算公式如下：

$$P=\sum_{i=1}^{n}V_i。 \tag{5-5}$$

式中，P 为污染物淋溶液总体积，L；V_i 为第 i 次淋溶液的体积，L。

养分淋溶量计算公式如下：

$$W=P \cdot C \cdot 10^{-6}。 \tag{5-6}$$

式中，W 为养分淋溶量，kg/hm^2；P 为污染物淋溶液总体积，L；C 为淋溶水样中养分浓度，mg/L，取多处淋溶水样养分浓度的平均值。

（5）土壤氮磷钾测定

土壤样品于2020年10月试验结束后在各个小区0～20 cm土层多点采集，将土壤样品带回实验室通风阴干后用于测定氮磷钾含量。用凯氏定氮法测定土壤全氮，用碱融－钼锑抗比色法和火焰光度计法分别测定土壤全磷和全钾，用碱解扩散法测定土壤速效氮，用 $NaHCO_3$ 浸提－钼锑抗比色法测定土壤速效磷，用醋酸氨浸提－火焰光度法测定土壤速效钾。

（6）数据分析

Microsoft Excel 2016用来进行试验数据前期处理和作图，数据用SPSS 22.0软件进行方差分析，多重比较采用最小显著差异法（LSD）检验。

二、结果与分析

1. 不同量有机肥对作物产量的影响

由图5-10可知，在连续两年小麦—玉米轮作下，有机肥替代一定量的化肥并没有降低小麦和玉米产量。

两年作物的平均值中，相对于常规施肥（CF），有机肥替代的处理的小麦产量增幅为0.9%～8.3%，玉米产量增幅为1.0%～10.5%，年度产量增幅为2.5%～7.7%，其中增产效果比较好的为QM和AM处理，但有机肥处理间的年度平均产量差异不显著。说明一定比例的有机肥、化肥配施可以增加小麦和玉米的产量。

2. 不同量有机肥对作物氮磷吸收的影响

在连续两年小麦—玉米轮作下，施肥处理对小麦和玉米吸氮量的影响不同，并且同一处理在不同生长年的表现不一致（图5-11）。从两年轮作的平均值来看，不管是在小麦季还是在玉米季，相对于CF处理，只有QM和AM处理增加了作物吸氮量，但是各处理间的作物吸氮量差异不显著。

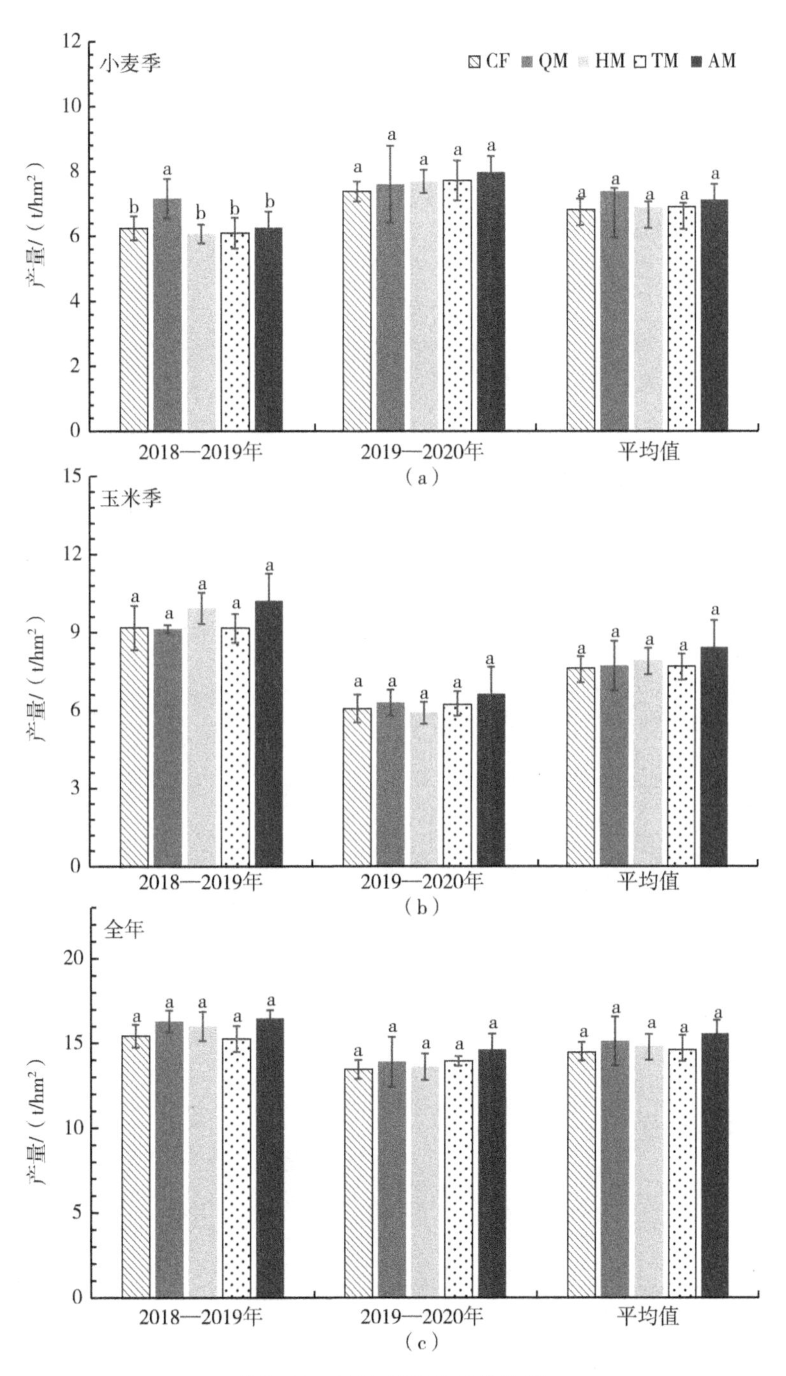

图 5-10　不同处理的作物产量

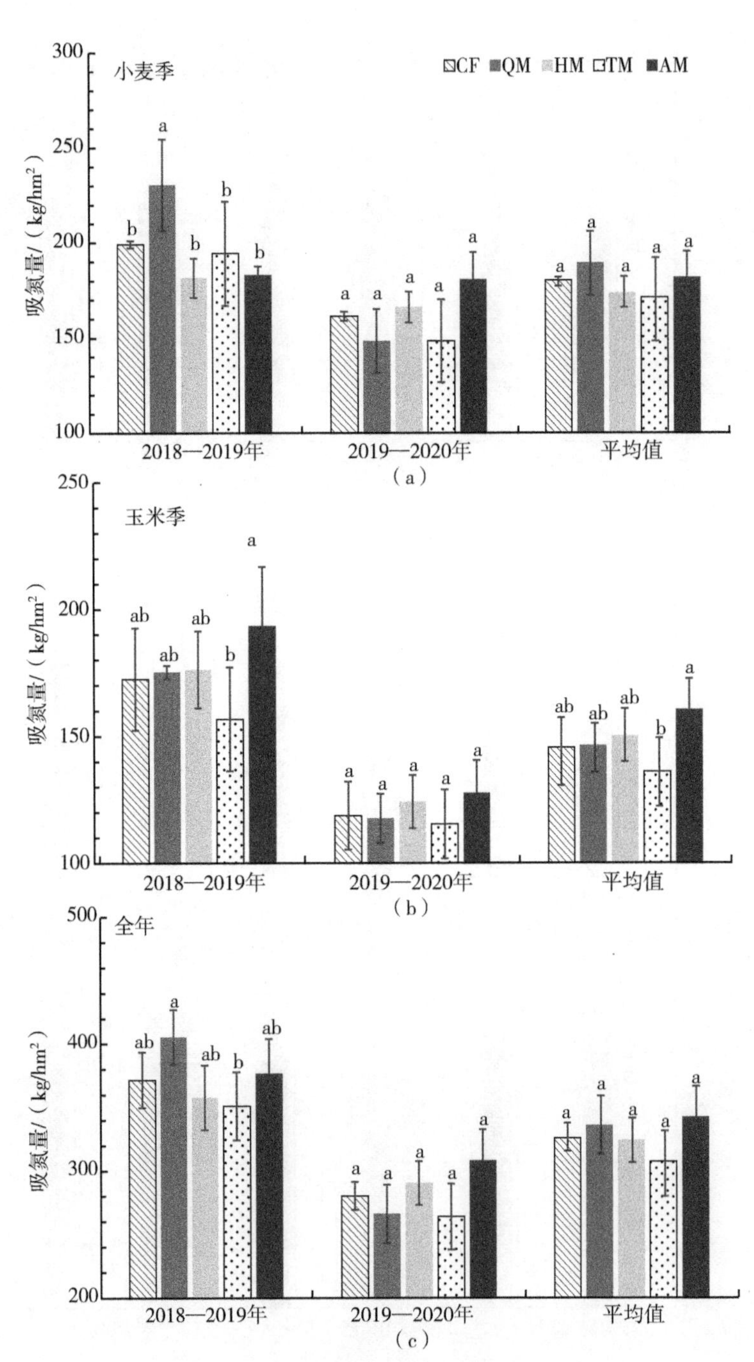

图 5-11　不同处理的作物吸氮量

从图 5-12 可以看出，在连续两年的试验期间，有机肥处理相比化肥处理降低了小麦季的平均吸磷量，增加了玉米季的平均吸磷量。但所有处理的吸磷量无显著差异。

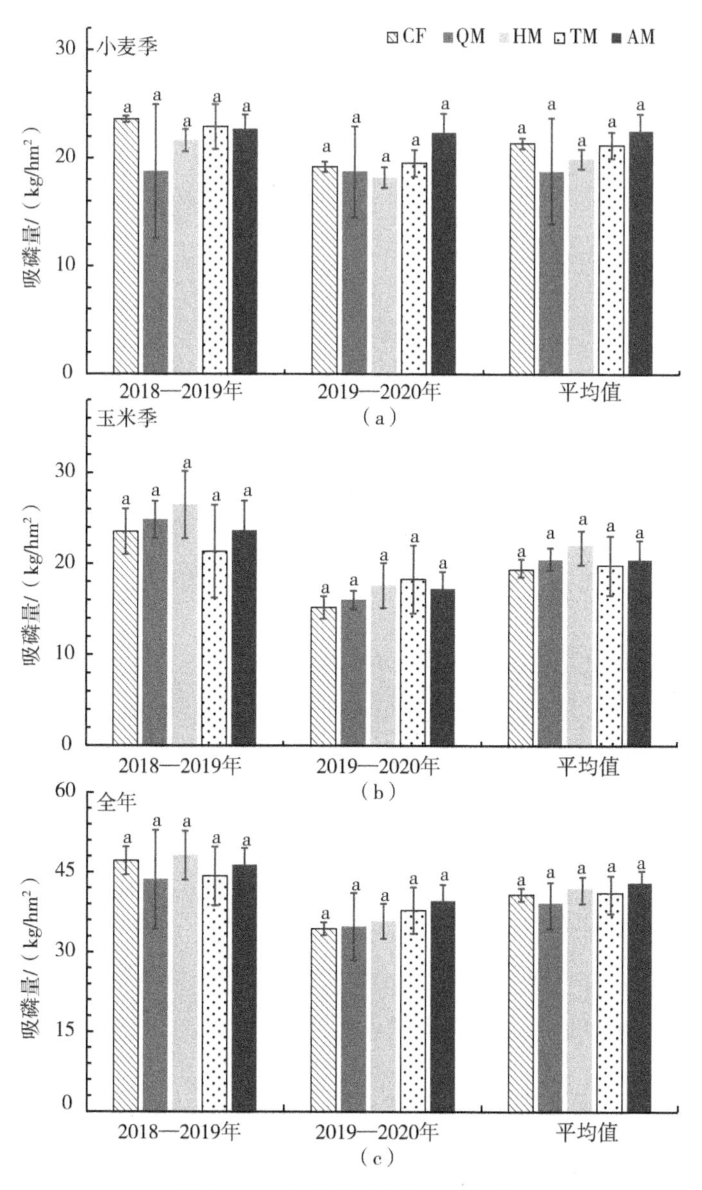

图 5-12　不同处理的作物吸磷量

3. 不同量有机肥对土壤氨挥发的影响

从图 5-13 可以看出，不管在哪个年份玉米季的氨挥发要显著高于小麦季的，平均全年 82.2% ～ 85.9% 的氨挥发量发生在玉米季。从两年试验的平均值来看，施用有机肥不仅可以降低小麦季的氨挥发累积量，还能降低玉米季的氨挥发累积量，从而降低全年的氨挥发量。与 CF 处理相比，QM、HM、TM 和 AM 的平均年度氨挥发累积量分别降低了 5.9%、24.3%、20.8% 和 15.5%。

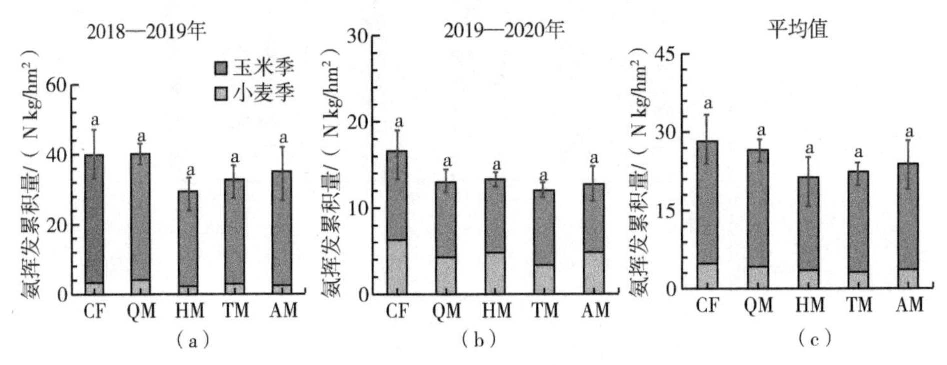

图 5-13　不同处理的氨挥发累积量

4. 不同量有机肥对土壤氮磷淋洗的影响

从图 5-14 可以看出，施用高量有机肥可以降低年度总氮淋洗量。与 CF 处理相比，QM、HM、TM 和 AM 处理年度平均氮淋洗量分别降低了 0.5%、10.9%、16.2% 和 16.7%。结果发现有机肥处理主要是通过降低小麦季的氮淋洗量从而降低年度氮淋洗量，通过计算可得 CF、QM、HM、TM 和 AM 处理小麦季氮淋洗量占年度氮淋洗量的比例分别为 44.0%、39.7%、28.5%、30.9% 和 20.2%。

研究发现，有机肥处理并没有影响玉米季的氮淋洗量，各处理氮淋洗量差异不显著。通过计算发现，夏季的氮淋洗量占据了年度氮淋洗量的比例为 56.0% ～ 79.8%。

通过对氮淋洗的成分分析来看，硝态氮是氮淋洗的主要组成成分，占年度总氮淋洗量的 73% ～ 85%。这可能是试验土壤硝化作用比较强的原因。需要注意的是，有机肥处理会增加小麦季有机氮淋洗量。

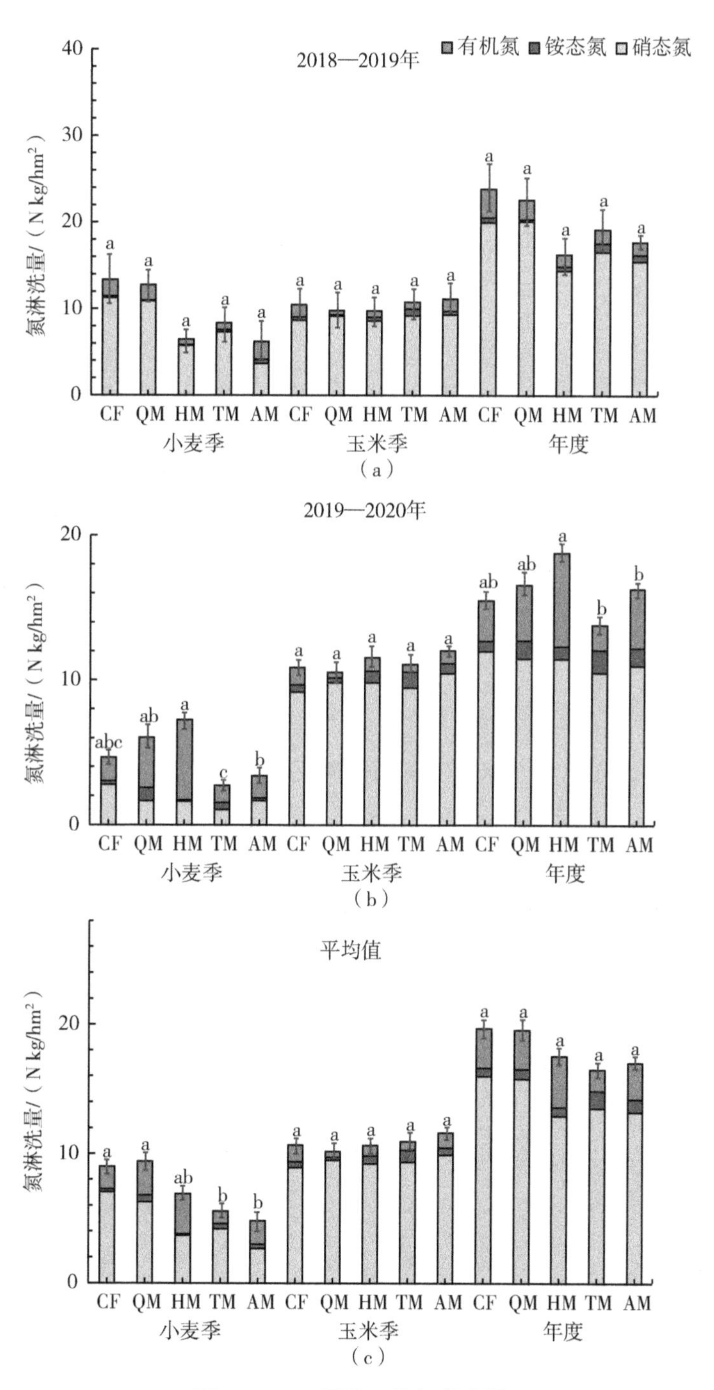

图 5-14 不同处理的氮淋洗量

从图 5–15 可以看出，所有处理的磷淋洗量差异不显著。从年度平均磷淋洗量来看，有机肥处理降低了小麦季淋洗量在年度淋洗量的比例，CF、QM、HM、TM 和 AM 处理小麦季磷淋洗量占年度磷淋洗量的比例分别为 54.6%、45.2%、17.7%、37.7% 和 38.8%。

相比 CF 处理，只有 HM 处理的磷淋洗量降低 17.3%。其余有机肥处理磷淋洗量要高于 CF 处理。

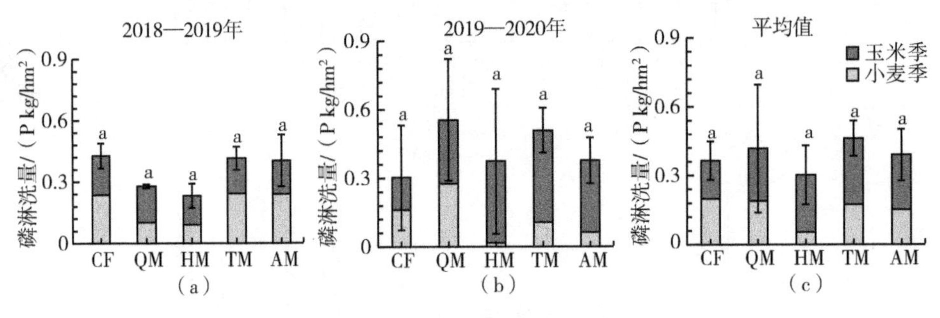

图 5–15　不同处理的磷淋洗量

5. 不同量有机肥对土壤氮磷钾的影响

从图 5–16 可以看出，两年试验结束后，相比 CF 处理，有机肥处理的土壤全氮含量有所降低，QM、HM、TM 和 AM 处理分别降低了 9.4%、1.9%、3.7% 和 0.22%。QM 和 HM 处理相比 CF 处理增加了土壤全磷含量，分别增加了 14.6% 和 7.9%。有机肥处理中只有 HM 处理相比 CF 处理增加了土壤全钾含量，提高了 1.1%，QM、TM 和 AM 分别降低了 2.5%、11.7% 和 10.8%。

从速效养分上来看，相比 CF 处理，只有 HM 处理提高了速效氮含量，增加了 0.57%，QM、TM 和 AM 分别降低了 12.3%、5.7% 和 5.3%。QM、HM、TM 和 AM 处理相比 CF 处理降低了土壤速效磷和速效钾含量，速效磷分别降低 31.5%、11.2%、15.9% 和 6.4%，速效钾分别降低 7.9%、20.1%、14.5% 和 2.1%。

土壤养分活化系数是表征养分有效性的重要指标，是土壤有效养分含量除以养分全量含量得到的数值，系数越高表明土壤养分的有效性越高。本研究发现，有机肥处理中只有 HM 处理比 CF 处理的氮素活化系数要高，提高了 3.3%；相比 CF 处理，QM、TM 和 AM 分别降低了 3.1%、2.0% 和 4.4%。本研

究还发现，只有 AM 处理的磷素活化系数和钾素活化系数高于 CF 处理，分别提高了 0.6% 和 8.3%，其他处理均要低于 CF 处理，QM、HM 和 TM 的磷素活化系数相比 CF 分别降低了 39.3%、18.1% 和 13.4%。

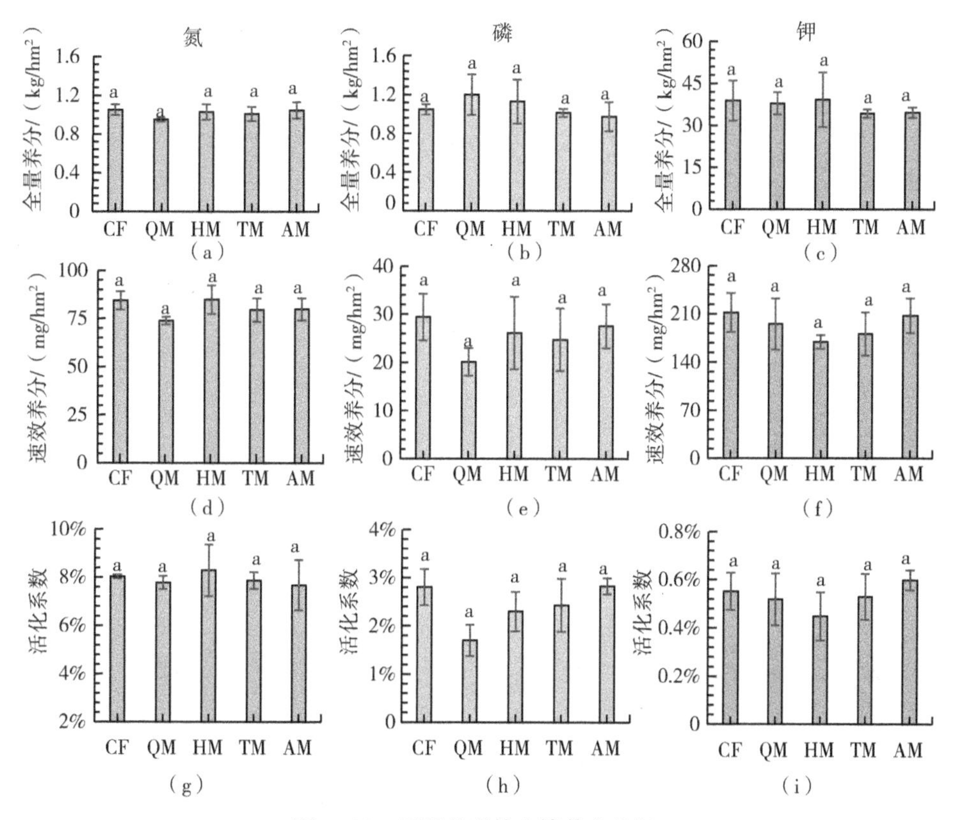

图 5-16　不同处理的土壤养分特征

三、小结

1）有机肥替代部分化肥不会降低小麦和玉米产量；一定比例的有机肥化肥配施能增加小麦—玉米轮作系统的年度产量。

2）有机肥替代部分化肥不会降低氮磷吸收量，并且一定量有机肥替代化肥会增加作物对氮磷的吸收。

3）一定比例的有机肥化肥配施能降低全年的氨挥发累积量。与常规化肥处理相比，有机肥处理 QM、HM、TM 和 AM 的年度平均氨挥发累积量分别降低了 5.9%、24.3%、20.8% 和 15.5%。

4）与常规化肥处理相比，有机肥处理 QM、HM、TM 和 AM 通过降低小麦季的氮淋洗量来降低年度氮淋洗，分别降低了 0.5%、10.9%、16.2% 和 16.7%。

5）与常规化肥处理相比，只有有机肥处理 HM 可以降低平均年度磷淋洗量。

6）与常规化肥处理相比，有机肥处理不会显著降低土壤氮磷钾含量及养分活化系数。

综合比较来看，HM 处理（有机肥替代小麦季 30% 化肥氮）对作物稳产、降低氮磷损失的效果最好。

参考文献

[1] ABUBAKER J, ODLARE M, PELL M. Nitrous oxide production from soils amended with biogas residues and cattle slurry[J]. Journal of environmental quality, 2013, 42(4): 1046-1058.

[2] BAI Z H, LEE M R, MA L, et al. Global environmental costs of China's thirst for milk[J]. Global change biology, 2018, 24(5): 2198-2211.

[3] BARAL K R, LABOURIAU R, OLESEN J E, et al. Nitrous oxide emissions and nitrogen use efficiency of manure and digestates applied to spring barley[J]. Agriculture ecosystems & environment, 2017 (239): 188-198.

[4] CHEN W L, LIN S C, HUANG C H, et al. Wide-scope screening for pharmaceutically active substances in a leafy vegetable cultivated under biogas slurry irrigation[J]. Science of the total environment, 2020(750): 141519.

[5] FANGUEIRO D, PEREIRA L S, MACEDO S, et al. Surface application of acidified cattle slurry compared to slurry injection: Impact on NH_3, N_2O, CO_2 and CH_4 emissions and crop uptake[J]. Geoderma, 2017(306): 160-166.

[6] FIALHO R C, ZINN Y L. Changes in soil organic carbon underEucalyptus plantations in Brazil: a comparative analysis[J]. Land degradation & development, 2015, 25(5): 428-437.

[7] FRANA A, TUCHER S V, SCHMIDHALTER U. Effects of combined application of acidified biogas slurry and chemical fertilizer on crop production and N soil

fertility[J]. European journal of agronomy, 2021(123): 126224.

[8] FRINK C R, WAGGONER P E, AUSUBEL J H. Nitrogen fertilizer: Retrospect and prospect[J]. Proceedings of the national academy of sciences of the United States of America, 1999 (96):1175-1180.

[9] GAO B, JU X T, MENG Q F, et al. The impact of alternative cropping systems on global warming potential, grain yield and groundwater use[J]. Agriculture, ecosystems & environment, 2015(203): 46-54.

[10] GOUDA S, KERRY R G, DAS G, et al. Revitalization of plant growth promoting rhizobacteria for sustainable development in agriculture[J]. Microbiological research, 2018(206): 131-140.

[11] HUANG T, JU X T, YANG H. Nitrate leaching in a winter wheat-summer maize rotation on a calcareous soil as affected by nitrogen and straw management[J]. Scientific reports, 2017(7): 42247.

[12] JIN Z W, SUN R H, PING L F, et al. Evaluating the key factors of soil fertility and tomato yield with fresh and aged biogas slurry addition through greenhouse experiment[J]. Biomass conversion and biorefinery, 2021(17): 1-12.

[13] LADHA J K, PATHAK H, KRUPNIK T J, et al. Efficiency of fertilizer nitrogen in cereal production: Retrospects and prospects[J]. Advances in agronomy, 2005(87): 85-156.

[14] LEI B K, XU Y B, TANG Y F, et al. Shifts in carbon stocks through soil profiles following management change in intensive agricultural systems[J]. Agricultural sciences, 2015(6): 304-314.

[15] LIANG B, HUANG K, FU Y L, et al. Effect of combined application of organic fertilizer and chemical fertilizer in different ratios on growth, yield and quality of fluecured tobacco[J]. Asian agricultural research, 2017(12): 43-46.

[16] LIU S M, CAI Y B, ZHU H Y, et al. Potential and constraints in the development of animal industries in China[J]. Journal of the science of food and agriculture, 2012, 92(5) : 1025-1030.

[17] NGUYEN Q V, WU D, KONG X W, et al. Effects of cattle slurry and nitrification inhibitor application on spatial soil O_2 dynamics and N_2O production pathways[J]. Soil biology and biochemistry, 2017(114):

200-209.

[18] RAHAMAN M A, ZHANG Q W, SHI Y, et al. Biogas slurry application could potentially reduce N_2O emissions and increase crop yield[J]. Science of the total environment, 2021, 778(2): 146269.

[19] RAVINDRAN B, MNKENI P N S. Bio-optimization of the carbon-to- nitrogen ratio for efficient vermicomposting of chicken manure and waste paper using Eisenia fetida[J]. Environmental science and pollution research, 2016, 23(17): 16965-16976.

[20] THOMAS B W, HAO X Y. Nitrous oxide emitted from soil receiving anaerobically digested solid cattle manure[J]. Journal of environmental quality, 2017, 46(4): 741-750.

[21] VERDI L, KUIKMAN P J, ORLANDINI S, et al. Does the use of digestate to replace mineral fertilizers have less emissions of N_2O and NH_3 ?[J]. Agricultural and forest meteorology, 2019(269/270): 112-118.

[22] ZHU W, YANG J S, YAO R J, et al. Nitrate leaching and NH_3 volatilization during soil reclamation in the Yellow River Delta, China[J]. Environmental pollution, 2021, 286(8): 117330.

[23] YANG T X, LI Y J, GAO J X, et al. Performance of dry anaerobic technology in the co-digestion of rural organic solid wastes in China[J]. Energy, 2015(93): 2497-2502.

[24] YIN G F, WANG X F, DU H Y, et al. N_2O and CO_2 emissions, nitrogen use efficiency under biogas slurry irrigation: a field study of two consecutive wheat-maize rotation cycles in the North China Plain[J]. Agricultural water management, 2019(212): 232-240.

[25] 曹宁，陈新平，张福锁，等．从土壤肥力变化预测中国未来磷肥需求 [J]. 土壤学报，2007, 60(3): 536-543.

[26] 陈爱萍，沈鑫，沈家禾．不同比例有机肥替代化肥对小麦产量的影响 [J]. 湖北农业科学，2019, 58(7): 32-34.

[27] 陈芬，余高．晋北地区规模化养殖场畜禽粪便中养分和重金属含量分析 [J]. 河南农业科学，2019, 48(5): 143-148.

[28] 陈轩敬，赵亚南，柴冠群，等．长期不同施肥下紫色土综合肥力演变及作物产量响应 [J]. 农业工程学报，2016, 32(增刊 1): 139-144.

[29] 崔宇星, MUHAMMAD A, 孙吉翠, 等. 沼液与化肥配施对耕层土壤化学性状及玉米产量品质的影响 [J]. 山东农业科学, 2020, 52(5): 77-81.

[30] 迪娜·吐尔生江, 贾宏涛, 王农, 等. 黄淮海地区商品鸡饲料中重金属含量特征研究 [J]. 农业环境科学学报, 2018, 37(11): 2603-2612.

[31] 董园园, 张娜, 杭杰. 化肥减量对小麦生长发育及产量效益的影响 [J]. 农业科技通讯, 2019, 48(12): 142-146.

[32] 杜会英, 冯洁, 张克强, 等. 牛场肥水灌溉对冬小麦产量与氮利用效率及土壤硝态氮的影响 [J]. 植物营养与肥料学报, 2016, 22(2): 536-541.

[33] 樊斌, 薛晓聪, 李萌, 等. 中国奶牛养殖生产布局优化研究：基于比较优势的实证分析 [J]. 农业现代化研究, 2020, 41(2): 331-340.

[34] 范建华, 李尚民, 胡艳, 等. 我国养禽业粪污排放·治理现状·建议 [J]. 安徽农业科学, 2017, 45(30): 64-66, 70.

[35] 付浩然, 李婷玉, 曹寒冰, 等. 我国化肥减量增效的驱动因素探究 [J]. 植物营养与肥料学报, 2020, 26(3): 561-580.

[36] 高淑萍, 昝林生. 硅肥对小麦养分吸收与光合物质生产的影响 [J]. 土壤肥料, 2001(5): 35-37.

[37] 龚雪蛟, 秦琳, 刘飞, 等. 有机类肥料对土壤养分含量的影响 [J]. 应用生态学报, 2020, 31(4): 1403-1416.

[38] 郭海刚, 杜会英, 张克强, 等. 规模化牛场废水灌溉对土壤水分和冬小麦产量品质的影响 [J]. 生态环境学报, 2012, 21(8): 1498-1502.

[39] 何浩, 张宇彤, 危常州, 等. 等养分条件下不同有机肥替代率对玉米生长及土壤肥力的影响 [J]. 核农学报, 2021, 35(2): 454-461.

[40] 侯丽丽, 王伟, 崔新菊, 等. 化肥减量配施有机肥对小麦生长、光合和产量的影响 [J]. 麦类作物学报, 2021, 41(4): 475-482.

[41] 胡瞒瞒, 董文旭, 王文岩, 等. 华北平原氮肥周年深施对冬小麦—夏玉米轮作体系土壤氨挥发的影响 [J]. 中国生态农业学报 (中英文), 2020, 28(12): 1880-1889.

[42] 黄媛媛, 马慧媛, 黄亚丽, 等. 生物有机肥和化肥配施对冬小麦产量及土壤生物指标的影响 [J]. 华北农学报, 2019, 34(6): 160-169.

[43] 季佳鹏, 赵欣宇, 吴景贵, 等. 有机肥替代 20% 化肥提高黑钙土养分有效性及玉米产量 [J]. 植物营养与肥料学报, 2021, 27(3): 491-499.

[44] 江波, 薛贞明, 王静, 等. 有机氮不同替代量对辣椒产量、品质及土壤矿质态

氮的影响 [J]. 安徽农业科学 , 2021, 49(5): 162-164, 168.
[45] 江波 , 薛贞明 , 王静 , 等 . 有机氮不同替代量对西兰花产量和品质的影响 [J]. 安徽农业科学 , 2021, 49(11): 142-144.
[46] 姜佰文 , 谢晓伟 , 王春宏 , 等 . 应用腐殖酸减肥对玉米产量及氮效率的影响 [J]. 东北农业大学学报 , 2018, 49(3): 21-29.
[47] 蒋赟 , 张丽丽 , 薛平 , 等 . 我国小麦产业发展情况及国际经验借鉴 [J]. 中国农业科技导报 , 2021, 23(7): 1-10.
[48] 鞠昌华 , 芮菡艺 , 朱琳 , 等 . 我国畜禽养殖污染分区治理研究 [J]. 中国农业资源与区划 , 2016, 37(12): 62-69.
[49] 赖多 , 匡石滋 , 肖维强 , 等 . 有机无机配施减量化肥对蕉柑产量、品质及土壤养分的影响 [J]. 广东农业科学 , 2021, 48(6): 23-29.
[50] 李丹阳 , 靳红梅 , 吴华山 . 畜禽养殖废弃物养分管理决策支持系统研究及应用 [J]. 中国农业资源与区划 , 2019, 40(5): 21-30.
[51] 李娟 , 赵秉强 , 李秀英 , 等 . 长期有机无机肥料配施对土壤微生物学特性及土壤肥力的影响 [J]. 中国农业科学 , 2008, 49(1): 144-152.
[52] 李梦婷 , 孙迪 , 牟美睿 , 等 . 天津规模化奶牛场粪水运移中氮磷含量变化特征 [J]. 农业工程学报 , 2020, 36(20): 27-33.
[53] 李书田 , 金继运 . 中国不同区域农田养分输入、输出与平衡 [J]. 中国农业科学 , 2011, 44(20): 4207-4229.
[54] 李书田 , 刘荣乐 , 陕红 . 我国主要畜禽粪便养分含量及变化分析 [J]. 农业环境科学学报 , 2009, 28(1): 179-184.
[55] 李淑仪 , 邓许文 , 陈发 , 等 . 有机无机肥配施比例对蔬菜产量和品质及土壤重金金属含量的影响 [J]. 生态环境 , 2007, 16(4): 1125-1134.
[56] 李燕青 , 赵秉强 , 李壮 . 有机无机结合施肥制度研究进展 [J]. 农学学报 , 2017, 7(7): 22-30.
[57] 廖霞 , 刘德燕 , 陈增明 , 等 . 田间老化生物质炭对潮土氨挥发的影响 [J]. 农业环境科学学报 , 2021, 40(6): 1326-1336.
[58] 刘明月 , 张凯鸣 , 毛伟 , 等 . 有机肥长期等氮替代无机肥对稻麦产量及土壤肥力的影响 [J]. 华北农学报 , 2021, 36(3): 133-141.
[59] 刘青丽 , 邹焱 , 李志宏 , 等 . 雨养烟叶种植田无机氮淋溶特征 [J]. 农业工程学报 , 2020, 36(7): 149-156.
[60] 鲁伟丹 , 李俊华 , 罗彤 , 等 . 连续三年不同有机肥替代率对小麦产量及土壤养

分的影响 [J]. 植物营养与肥料学报, 2021, 27(8): 1330-1338.
[61] 吕凤莲, 侯苗苗, 张弘弢, 等. 塿土冬小麦—夏玉米轮作体系有机肥替代化肥比例研究 [J]. 植物营养与肥料学报, 2018, 24(1): 22-32.
[62] 马龙, 高伟, 栾好安, 等. 有机肥/秸秆替代化肥模式对设施菜田土壤氮循环功能基因丰度的影响 [J]. 植物营养与肥料学报, 2021, 27(10): 1767-1778.
[63] 马顺圣, 毛伟, 李文西. 有机肥等氮量替代化肥对水稻产量、土壤理化性状及细菌群落的影响 [J]. 江苏农业科学, 2021, 49(24): 90-94.
[64] 庞丹波, 李生宝, 潘占兵, 基于主成分分析和隶属函数的紫花苜蓿引种初步评价 [J]. 西南农业学报, 2015, 28(6): 2815-2819.
[65] 裴雪霞, 党建友, 张定一, 等. 化肥减施下有机替代对小麦产量和养分吸收利用的影响 [J]. 植物营养与肥料学报, 2020, 26(10): 1768-1781.
[66] 裴宇, 伍玉鹏, 张威, 等. 化肥减量配合有机替代对柑橘果实、叶片及橘园土壤的影响 [J]. 中国土壤与肥料, 2021(4): 88-95.
[67] 秦雪超, 潘君廷, 郭树芳, 等. 化肥减量替代对华北平原小麦—玉米轮作产量及氮流失影响 [J]. 农业环境科学学报, 2020, 39(7): 1558-1567.
[68] 邱吟霜, 王西娜, 李培富, 等. 不同种类有机肥及用量对当季旱地土壤肥力和玉米产量的影响 [J]. 中国土壤与肥料, 2019(6): 182-189.
[69] 尚保华, 姜兰芳, 行翠平. 不同类型有机肥配施氮肥对优质小麦产量和品质的影响 [J]. 山西农业科学, 2020, 48(10): 1621-1624.
[70] 史吉平, 张夫道, 林葆, 等. 长期施用氮磷钾化肥和有机肥对土壤氮磷钾养分的影响 [J]. 土壤肥料, 1998(1): 7-10.
[71] 史瑞祥, 薛科社, 周振亚. 基于耕地消纳的畜禽粪便环境承载力分析: 以安康市为例 [J]. 中国农业资源与区划, 2017, 38(6): 55-62.
[72] 万连杰, 何满, 李俊杰, 等. 有机肥替代部分化肥对椪柑生长、品质及土壤特性的影响 [J]. 中国农业科学, 2022, 55(15): 2988-3001.
[73] 王朝辉. 我国小麦施肥问题与化肥减施 [J]. 中国农业科学, 2020, 53(23): 4813-4815.
[74] 王家宝, 孙义祥, 李虹颖, 等. 生物有机肥用量及部分替代化肥对小麦产量效应的研究 [J]. 中国农学通报, 2020, 36(36): 6-11.
[75] 王丽, 王朝辉, 郭子糠, 等. 黄土高原不同地点小麦籽粒矿质元素的含量差异 [J]. 中国农业科学, 2020, 53(17): 3527-3540.
[76] 王小彬, 闫湘, 李秀英. 畜禽粪污厌氧发酵沼液农用之环境安全风险 [J]. 中国

农业科学, 2021, 54(1): 110-139.
[77] 魏文良, 刘路, 仇恒浩. 有机无机肥配施对我国主要粮食作物产量和氮肥利用效率的影响 [J]. 植物营养与肥料学报, 2020, 26(8): 1384-1394.
[78] 温延臣, 张曰东, 袁亮, 等. 商品有机肥替代化肥对作物产量和土壤肥力的影响 [J]. 中国农业科学, 2018, 51(11): 2136-2142.
[79] 谢军红, 柴强, 李玲玲, 等. 有机氮替代无机氮对旱作全膜双垄沟播玉米产量和水氮利用效率的影响 [J]. 应用生态学报, 2019, 30(4): 1199-1206.
[80] 徐明岗, 李冬初, 李菊梅, 等. 化肥有机肥配施对水稻养分吸收和产量的影响 [J]. 中国农业科学, 2008(10): 3133-3139.
[81] 徐云连, 马友华, 吴蔚君, 等. 农田中有机肥氮磷流失的研究 [J]. 中国农学通报, 2017, 33(14): 75-80.
[82] 薛远赛, 师长海, 王源溪, 等. 过磷酸钙及有机肥混施对盐碱地小麦光合特性及产量的影响 [J]. 中国农学通报, 2021, 37(20): 1-6.
[83] 杨涵博, 罗艳丽, 赵迪, 等. 养殖肥液不同灌溉强度下硝化 - 脲酶抑制剂 - 生物炭联合阻控氮淋溶的研究 [J]. 农业环境科学学报, 2020, 39(10): 2363-2370.
[84] 杨宪龙, 路永莉, 李茹, 等. 小麦—玉米轮作体系多年定位试验中作物氮肥利用率计算方法探讨 [J]. 应用生态学报, 2014, 25(12): 3514-3520.
[85] 郁洁, 蒋益, 徐春淼, 等. 不同有机物及其堆肥与化肥配施对小麦生长及氮素吸收的影响 [J]. 植物营养与肥料学报, 2012, 18(6): 1293-1302.
[86] 张北赢, 陈天林, 王兵. 长期施用化肥对土壤质量的影响 [J]. 中国农学通报, 2010, 26(11): 182-187.
[87] 张国龙, 陈婷, 于海利, 等. 化肥减量有机替代对茄子生长及土壤养分的影响 [J]. 北方园艺, 2021(14): 46-50.
[88] 张浩. 关于中国小麦生产成本现状分析与展望 [J]. 农业与技术, 2021, 41(23): 139-143.
[89] 张建军, 樊廷录, 赵刚, 等. 长期定位施不同氮源有机肥替代部分含氮化肥对陇东旱塬冬小麦产量和水分利用效率的影响 [J]. 作物学报, 2017, 43(7): 1077-1086.
[90] 张结刚, 张美良, 熊春晖, 等. 双季晚稻机插育秧床土培肥效应研究 [J]. 上海农业学报, 2018, 34(6): 36-41.
[91] 张晶, 张定一, 王丽, 等. 不同有机肥和氮磷组合对旱地小麦的增产机理研究 [J]. 植物营养与肥料学报, 2017, 23(1): 238-243.

[92] 张朋月, 丁京涛, 孟海波, 等. 牛粪水酸化贮存过程中氮形态转化的特性研究 [J]. 农业工程学报, 2020, 36(8): 212-218.

[93] 张奇茹, 谢英荷, 李廷亮, 等. 有机肥替代化肥对旱地小麦产量和养分利用效率的影响及其经济环境效应 [J]. 中国农业科学, 2020, 53(23): 4866-4878.

[94] 张怡彬, 李俊改, 王震, 等. 有机替代下华北平原旱地农田氨挥发的年际减排特征 [J]. 植物营养与肥料学报, 2021, 27(1): 1-11.

[95] 张英鹏, 李洪杰, 刘兆辉, 等. 农田减氮调控施肥对华北潮土区小麦—玉米轮作体系氮素损失的影响 [J]. 应用生态学报, 2019, 30(4): 1179-1187.

[96] 赵满兴, 刘慧, 王静, 等. 减量复合肥配施生物有机肥对番茄土壤肥力及酶活性的影响 [J]. 农学学报, 2020, 10(2): 56-61.

[97] 郑福丽, 李国生, 张柏松, 等. 新建大棚番茄有机肥替代化肥的适宜比例及效应 [J]. 植物营养与肥料学报, 2021, 27(2): 360-368.

第六章

山东省畜禽粪污资源化利用模式及典型案例

第一节　山东省生猪养殖场粪污资源化利用模式及典型案例

一、基本情况

1. 地理信息

滨城区地处黄河下游的鲁北黄泛冲积平原，黄河从西南部入境，趋东北方向入海，历次泛溢时的沉积泥沙量不等，以致形成现在的由西南向东北逐渐倾低的地势。滨城区西南部海拔为 14.7 m，东北部海拔为 6.5 ～ 7.0 m，大部分地域在海拔 11 m 左右，以 1/7000 的比降倾斜。

该区属于暖温带大陆性季风气候。季风影响显著，四季分明，冷热干湿界限明显。累年平均气温为 12.5 ℃，累年平均最高气温为 18.9 ℃，累年平均最低气温为 7.8 ℃，极端最高气温为 40.9 ℃，总体气温相当于全省平均水平。

滨城区降水集中在 6—8 月，占全年降水量的近七成。雨季受大陆低压控制，雨热同期，多锋面雨和对流雨，年平均降水量为 589 mm。由于是退海之地，地下水矿化度高，可开采农用水量少。过境主要河流为黄河和徒骇河，引水体系健全，农业水资源较为丰富。

2. 作物特点

冬小麦、夏玉米是滨城区两大主要粮食作物，一年两作两熟。常年粮食种植面积为 110 万亩，平均单产为 450 kg/ 亩。蔬菜种植以黄瓜、西红柿、韭菜为主，多为保护地栽培，蔬菜收获面积为 3.5 万亩，总产量为 9 万 t。果品

种植以苹果、梨和冬枣为主，种植面积为1.1万亩，总产量1.6万t。

3. 企业概况

滨州中裕食品有限公司是农业产业化国家重点龙头企业，多年以来，公司坚持“三产融合、绿色循环”发展，成功打造了涵盖“高端育种、良种繁育、订单种植、仓储物流、初加工、精深加工、食品加工、餐饮商超、生猪养殖、粪污资源化利用”等十大板块的小麦全产业链条，是目前我国最长最完整的麦业产业链。

目前，公司建设经营生猪养殖场5个，生猪存栏10万头，年出栏生猪20万头；能繁母猪存栏5万头，年繁育仔猪100万头。公司利用小麦精深加工后的废弃物液态酒糟为主要原料，成功研发了液态纯粮饲料，引进奥地利数字化液态饲喂系统，在全国首创了规模化、智慧化生猪液态饲料饲喂模式，饲喂效率和效益比传统规模化养殖提高30%以上。

为做好粪污资源化利用，公司流转土地6.8万亩，将全部粪污收集，进入大型沼气工程，沼肥就近消纳还田，真正实现了“从土地中来到土地中去”的闭合式农牧循环。

中裕现代农业产业园生猪养殖场位于滨城区中北部的滨城区现代农业产业园内，生猪存栏5万头，年出栏生猪10万头，单猪平均出栏重量200 kg左右。结合生猪养殖，就近集中连片流转土地24 760亩，其中可用于消纳沼液有机肥的面积23 000多亩。土地流转完成后，对土地进行重新整平，重新规划建设了沟路渠林桥涵闸等田间设施，土地适合大面积集约种植，租用期为30年，并铺设了地下管网，将沼液有机肥通过地下管网封闭还田。

二、粪污处理技术

1. 生猪养殖粪污产生总量

该生猪养殖场存栏生猪5万头，按每头每年产生粪污3650 kg计算，年粪污产生量为18.3万t。

2. 粪污处理方式

养殖场采用水泡粪清理粪污模式。水泡粪排出猪舍后进入养殖场的粪污暂存池。粪污暂存池采用高标准钢混结构，实现了雨污分流和防渗、防雨、防溢流。粪污暂存池通过地下管网与大型沼气工程连接，然后通过专用压力泵将粪污输送到大型沼气工程进行厌氧处理。大型沼气工程位于产业园内，年厌氧处理粪污能力为 50 万 t，完全能够处理全部的生猪养殖粪污。

3. 粪污处理技术

采用完全混合式厌氧消化器（Complete Stirred Tank Reactor，CSTR），先对各类畜禽粪便及其他有机物进行粉碎处理，调整进料 TS 浓度在 8% ～ 13%，进入 CSTR 反应器后，CSTR 采用上进料下出料方式，并带有机械搅拌，视原料和温度的不同，产气率在 0.8 ～ 5.0。大型沼气工程厌氧发酵物料冬季增温，采取加注一定量的 60 ℃的液态酒糟上清液，确保了冬季正常厌氧发酵和运行，实现的热量再利用。产生的沼气通过提纯生产生物天然气，并网石油燃气公司管网出售。沼渣、沼液 COD 浓度和 TS 浓度含量低，不用经过固液分离即可直接通过地下沼肥输送管网进行农田施肥，是典型的能源生态型沼气工程工艺。

4. 节水模式

养殖场供水采用地下管网封闭供水，猪舍内采用智能化液态饲料饲喂技术，通过饲料管道、水管道供饲料和饮用水，整个过程封闭运行。饮水采用触压式自动化乳头式饮水嘴出水装置，由猪水嘴体、阀杆、钢球及滤水网等组成。饮水时，猪嘴顶推阀杆，使之向上顶起钢球，水由钢球和猪水嘴体之间的缝隙流出，供猪饮用。饮水结束后，钢球和阀杆相靠，自动复位，同时在水压作用下严密封闭水流出口，起到节水作用。猪舍粪便清理采用水泡粪技术，节水效果明显。夏季降温水帘供水系统采用循环水设计，节水效果显著。

三、粪肥还田技术

（一）配套土地面积测算

根据《畜禽粪污土地承载力测算技术指南》，有关测算如下。

1. 生猪养殖粪肥养分供给量测算

粪肥养分供给量（纯氮）= 生猪存栏量 × 生猪氮排泄量 × 养分留存率，

即 5 万头 ×11 kg/ 头 ×65% ≈ 35.8 万 kg。

2. 单位土地（每亩）粪肥养分需求量测算

按照施肥供给养分占比为 55%、粪肥占施肥比例为 50%，种植小麦、玉米一年两熟，小麦亩产量为 400 kg、玉米亩产量为 600 kg 测算。

每亩粮田粪肥养分需求量（纯氮）=（每亩小麦、玉米土地养分需求量 × 施肥供给养分占比 × 粪肥占施肥比例）/ 粪肥当季利用率，

即 $\frac{25.8\ \text{kg/亩} \times 55\% \times 50\%}{30\%}$ =23.65 kg/ 亩。

3. 配套土地面积测算

配套土地面积（亩）= $\frac{\text{粪肥养分供给量(纯氮)}}{\text{每亩粮田粪肥养分需求量(纯氮)}}$，

即 $\frac{35.8\ \text{万 kg}}{23.65\ \text{kg/亩}}$ ≈ 1.51 万亩。

目前，公司流转土地用于种植消纳沼液有机肥面积 23 000 亩，能够满足沼肥就地消纳所需。

（二）还田主要设施设备

还田主要设施设备分为两部分。一是沼液地下管网输运系统。采用直径 25 cm 的酸酐类玻璃钢管，配套专用高压输送泵，将液态沼肥封闭输送到田间，做到了粪污收集、输送、运转系统密闭处理，能够防锈、防腐、防雨、防渗、防溢流、防堵塞，清污简单易行，节约处理成本，真正实现了沼肥资源化利用的“零污染”和“零排放”。二是田间水肥一体化灌溉系统。采用液态有机肥与引黄灌溉水通过液态有机肥混合站按一定的比例进行混合后，对农田实施灌溉。为做好水肥一体化灌溉，基地建设了一次性成型的高标准混凝土“U”形渠道，渠道上口宽为 1.2 m，深为 0.9 m，与规模化种植灌溉相匹配。

（三）粪肥施肥措施

液态有机肥与黄河水按照 1 ∶ 10 以上的比例混合后，于小麦春季浇水、玉米种植前期，视降雨和土壤墒情进行适时灌溉，每年灌溉 2 次，每次每亩灌溉沼液为 5 t 左右，每亩年消纳沼液 9 ～ 10 t，按年产沼肥为 15 万 t 测算，

流转的 23 000 亩土地可消纳全部沼肥。此外，公司利用沼肥直接灌溉改良重度盐碱地，采取灌溉沼肥休耕与水稻、小麦一年两熟交替进行的方式进行土壤改良，能够达到修养耕地和改良土壤盐碱的双重作用。

四、取得效果

1. 经济效益

该养殖场年处理生猪养殖粪污 18.3 万 t，年产沼气 550 万 m^3，提取生物天然气 330 万 m^3，并网燃气公司销售价格为 2.2 元 /m^3，年收入 726 万元。沼液还田年利用折纯氮 358 t，五氧化二磷 53.6 t，折合化肥价值 240 万元。粪污和沼液通过管道输送，每吨节约运费 10 元，按每年产生 33 万 t 粪污和沼液计算，每年节约运输费用 330 万元。以上直接和间接经济效益共计 1296 万元。此外，公司利用沼液有机肥灌溉直接灌溉重度盐碱地，改良土壤效果显著，重度盐碱地由不毛之地转化为水稻、小麦一年两熟粮食种植区，粮食产量达到了每年亩产 850 kg 以上。

2. 社会效益

公司打造的农牧循环绿色产业链，形成了现代种植业、加工业、养殖业等多产业“互为源头、互为终端”的深度融合发展新业态，建立了可复制、可推广的生猪养殖粪污资源化利用农牧循环新模式，为全国同类地区农牧融合绿色发展树立了示范与样板。通过农牧循环粪污资源化利用，培养了一批绿色产业发展技术人才。深入推进液态有机肥科学利用，对于黄河三角洲盐碱地改良，推进循环农业绿色发展，实现节本增效、提质增效，探索产出高效、产品安全、资源节约、环境友好的现代农业发展道路都具有重要意义。

3. 生态效益

通过对小麦价值的“吃干榨净”，大幅提高经济效益，彻底解决了加工、养殖过程中的废弃物处理问题。将粪污全部收集处理后，沼肥还田可实现化肥减量 50% 以上；生产的 330 万 m^3 生物天然气可替代 0.79 万 t 标准煤，减少 CO_2 排放 1.4 万 t。此外，该养殖场通过综合节水措施，实现节水 50% 以上。该模式实现了“基地种植→工厂加工→生猪养殖→废弃物利用→生物天然气

→液态有机肥→基地种植”的农牧产业绿色循环链，打造了现代种植业、加工业、养殖业等多产业“互为源头、互为终端”的深度融合发展新业态，形成了农牧绿色闭合循环，为助力乡村生态振兴、全面推进黄河流域农业生态保护和高质量发展开辟了一条农牧融合与绿色循环发展新路径。

五、典型示范与品牌培育

养殖场于2018年承担实施了农业农村部下达的“山东省滨州市滨城区畜禽养殖数字农业建设试点项目”，2020年4月顺利通过国家验收，项目区生猪养殖经济效益总体提高40%以上，饲料利用率提高20%以上，疫病发生率减少95%，粪污处理费用减少300元/t，节约劳动力50%以上。项目重点建设数字化生猪精细喂养系统、猪舍自动化精准环境控制系统、生猪疫病监测预警系统、生猪繁育系统、生猪个体行为视频监测系统等，建成滨城区国家现代农业示范区生猪智能化数字农业试点基地，为加快推进农业示范区畜牧生产智能化、经营信息化、管理数字化、服务在线化，全面提升农业数字化智慧水平，推动产业升级增效，打造现代农业示范区数字农业示范样板做出了典型示范。2020年，“畜禽养殖废水深度处理及资源化利用关键技术研究与应用”获得2020年度山东省环保产业环境技术进步奖一等奖。

第二节　山东省奶牛养殖场粪污资源化利用模式及典型案例

一、基本情况

1. 地理信息

山东银香伟业集团有限公司所在地曹县位于山东省西南部，地处鲁豫两省八县（区）交界处，地理坐标为北纬34°33′～35°03′、东经115°08′～115°53′，属黄河冲积平原。

曹县地势自西南向东北倾斜，西南部最高点海拔为66.8 m，东北部最低点海拔为44.8 m，高差为22 m。黄河历次决口泛滥，对境内地貌的形成，具有决定性影响，决口时由于流向流速不断变更，形成复杂的地貌类型。境内微地貌形态主要有6种：砂质河槽地，占总面积的1.23%；决口扇形地，占总面积的0.36%；河滩高地，占总面积的12.79%；背河槽状洼地，占总面积的12.87%；缓平坡地，占总面积的50.50%；浅平洼地，占总面积的22.25%。

曹县属暖温带半湿润气候区，大陆性季风气候特征明显，由于县境内地势平坦及县域跨距不大，气候差异较小。年平均气温为14.3 ℃，1月最冷，平均温度为-0.1 ℃，7月最热，平均温度为27.1 ℃。年平均日较差为10.4 ℃。年平均降水量为678.4 mm。降水以夏季最多，秋春季次之，冬季最少。降水年际变化大，季节性差异明显。年平均日照总时数为2147.6 h，全年主导风向为南风，频率为10.3%，其次为北风，频率为8.0%；年平均风速为2.1 m/s，最大风速为14.3 m/s。曹县处在南北方气流频繁交汇区，有时因冷暖气团的激烈对流，带来剧烈的天气变化，形成暴雨、大风、冰雹、高低温、连阴雨、旱、涝等多种灾害性天气。

2. 作物特点

山东银香伟业集团有限公司的企业种植基地种植的作物主要为青贮玉米和冬小麦。青贮玉米为豫青贮23，具有品质优、抗逆性强、适应性广等特点，对矮花叶病、大斑病、小斑病、纹枯病具有很强的抗性，而且种植容易、产量高、营养丰富、易于消化等特点；冬小麦品种为济麦22，具有抗倒伏、产量高的特点，适合山东地区种植。

3. 企业概况

山东银香伟业集团有限公司成立于2003年，注册资金5000万元，主营业务为牲畜饲养，食用农产品批发、零售，农副产品销售，食品销售（仅销售预包装食品），草种植，谷物种植、销售等。目前，山东银香伟业集团有限公司赵楼牧场分公司的养殖畜种为奶牛，存栏量为4944头，流转土地为8500余亩。饲养方式为规模化养殖，采用全自动TMR饲喂车，该饲喂车配有先进的称重系统，能够精确称量每种物料的重量，称重系统还能与饲喂管理软件（DTM）相连，软件中设置有原料的化学参数（营养成分、微量元素含量等），

每一种饲料配方的营养比例都可以得到精确控制，以便于每种圈群的奶牛都吃得营养、吃得科学，健康成长。

赵楼牧场是在“集世界农业、牧业、环保、科技、教育五大前沿信息精华与银香伟业时刻创新五位于一体”的基础上进行创新设计的，该牧场的放射性结构体现了时尚、个性、创新、唯一的特点。牧场建设之初就将打造生产、生活、生态等功能相融合的共生园区为目标，在保证产业运行的基础上，融合了教育实践、生态观光、文化体验等功能，以更好地向社会展示现代农牧业的形象。大力发展种养结合模式，以消耗鲁西南地区大量的农作物秸秆，并生产有机肥、沼液还施于土地，将曹县、菏泽打造成全世界瞩目的一方有机净土。

二、粪污处理技术

山东银香伟业集团有限公司赵楼牧场分公司的每头奶牛粪污产生量约为20 t/ 年，合计约 10 万 t / 年。

牧场严格遵循绿色环保、循环节约的原则，采用先进的粪污处理系统，在减少环境污染的前提下，还最大限度地实现了牛场的废物利用。牛舍内的粪污由智能刮粪板收集到输送管渠，然后经水冲输送至综合处理区进行处理。粪污经固液分离设备处理后，把固体进行堆肥发酵、干燥，可以作为牛床垫料或制成有机肥，垫料回收后可继续利用，有机肥则用于改良周边土地；分离出的废液送到沼气池，产生的沼气用作生产、生活的能源，剩余的沼液经暴氧、好氧处理后，用于灌溉周边土地；同时，在有机肥改良过的土地上种植出健康营养的青贮饲料，再被用来饲养奶牛，最终形成了循环的生态产业链。

现在，山东银香伟业集团有限公司还引进了多台“牛卧床垫料一体机”设备，这一设备可以在 24 小时内完成粪污的分离、发酵等过程，产出固体可以直接用于牛只卧床，一方面节省了时间成本和发酵晾晒的空间成本，另一方面能够提高牛只的舒适度，减少患病率，对牧场的健康运行有巨大的提升作用。

三、粪肥还田技术

（一）配套土地面积测算

根据《畜禽粪污土地承载力测算技术指南》，公司存栏奶牛为4944头，折合猪当量为3.29万头，按照1亩地可以承载约4头猪，折算1头奶牛约配套1.65亩地，因此赵楼牧场共计配套土地面积约8200亩。

（二）还田主要设施设备

还田的方式主要有2种：一种是水肥一体化系统；另一种是使用抛洒车。

固体有机肥可以通过抛撒车撒到田间。

液体肥水（及发酵后沼液）通过水肥一体化系统喷灌输送到种植基地，总沼液池输入口有滤网，喷灌系统有过滤器，目前企业已经完成基地喷灌设施近万亩，可以消纳大部分液体，同时配有沼液车，可以对尚未配置喷灌设施的基地喷施沼液。

（三）粪肥施肥措施

粪肥施肥措施包括预处理、施用量、施用方式、施用时间等。

1. 预处理

牧场内每一栋牛舍都有配套的自动刮粪板，可以将牛粪稀释后通过输送管道将牛粪尿抽送到综合废弃物处理池。粪污在输送到位后，会依次进入预存储池、搅拌池、格栅池和料液暂存池，最后进入固液分离设备进行处理。分离后的固体直接进入滚筒式卧床垫料生产装置，经过24小时高温发酵后产出的固体含水率约60%即可用于奶牛的卧床垫料。

2. 施用量

采用测土配方施肥的方法确定不同地块的有机肥使用量。根据土壤肥力，计算出作物预期产量，再推算出养分吸收量。结合畜禽粪肥中营养元素的含量、作物当年或当季的利用率，计算基肥或追肥的畜禽粪肥施用量。企业目前的粪肥使用限量为：每年每亩青贮玉米、小麦≤ 1.2 t。

3. 施用方式及施用时间

采用抛撒车将处理好的粪肥进行撒施，即将肥料撒于地表再进行耕地，将粪肥翻入土中，使肥土掺混，适用于公司青贮玉米和小麦等大田作物的种植，一般在夏收、秋种和秋收以后进行施用。

四、取得效果

1. 直接、间接经济效益

实现年产有机肥 40 000 t，每吨按 300 元计算，实现年产值 1200 万元。生产沼液 14 万 m^3，估算产值为 140 万元，主要通过水肥一体化工程用于农田喷灌。生产沼气 110 万 m^3，折合产值 66 万元。沼气一部分做热水锅炉辅助燃料，一部分作为员工宿舍和职工食堂炊用燃料。

2. 社会效益

1）有效地促进了一二三产业的融合，拉长和丰富了农业产业链条，为社会创造长期和短期就业岗位 2000 多个，带动更多农民成为产业工人。

2）降低了畜牧业所需优质饲草料生产成本的同时，降低了对国外饲草料的依赖程度，有助于提升民族奶业和区域经济的竞争地位。

3）推动了农业经济的结构调整和转型升级，为实现真正的农牧结合提供了实践和技术支持，对于未来农业的发展有极强的示范作用。

4）促进农民就业增收。该模式有效地改变传统农业生产方式，降低了农业生产成本，增加了农民收入。同时带动了种植、养殖、管理、农机服务、技术服务、物流运输等多个岗位，为区域内农民转化为产业工人提供了条件。

3. 生态效益

1）形成了闭合的种养结合循环发展产业链，提高产业资源利用率，不仅减少了污染，还提高了收益。秸秆通过还田或青贮实现了资源再利用；沼液灌溉既可防虫治病，又能提供有机养分；有机肥的生产不但能够改良土壤，还能减少化肥使用量，有效降低农药、化肥给人体带来的危害。

2）有效恢复了土壤生态环境，提升土壤有机质和持续生产能力。一方面可以有效提升土地的有机质含量；另一方面减少了化肥使用所造成的面源污染。

3）沼气作为清洁能源，可节约煤炭资源，节能减排效果显著，使得环保事业不再只有投入，而是变为了价值产业，变被动式环保为主动式环保，彻底甩掉了环保的压力和包袱。

第三节　山东省家禽养殖场粪污资源化利用模式及典型案例

一、基本情况

1. 地理信息

民和生态园坐落于美丽的滨海城市蓬莱。

气候条件：蓬莱地处中纬度，属暖温带季风区大陆性气候，年平均气温 11.7 ℃，年平均日最高气温 28.8 ℃，年平均日最低气温 –2.3 ℃，极端最高气温 38.8 ℃，极端最低气温 –14.9 ℃，年平均降水量 664 mm，年平均日照量 2826 h，无霜期平均 206 天，相对湿度 65%，年均风速 5.2 m/s，无洪水，不受台风影响。

地质条件：蓬莱位于胶东半岛北部突出部分，地处渤海、黄海之滨，其地势南高北低，属山前冲洪积、丘陵剥蚀平地为主的地带，平均海拔高度在 15 ～ 25 m，市内的主要地层结构为强风化玄武岩层，地质结构较为稳固，地质灾害较少。

2. 作物特点

结合蓬莱当地自然气候条件，种植作物以玉米、苹果为主。苹果作为蓬莱区四大农业主导产业之一，种植面积达到 37.7 万亩，是农民收入的重要来源。

3. 企业概况

民和生态园是山东民和牧业股份有限公司下属的第三管理区，国家级畜禽养殖标准化示范场，全国农业标准化示范区、国家出口鸡肉标准化示范区、国家首批肉鸡无高致病性禽流感生物安全隔离区，民和生态园于 2002 年开工建设，2003 年陆续投入使用，至今已走过十多个年头，该园区总占地 4000 余亩，南北纵深 4 km。生态园总投资近 7 亿元，下辖 27 个种鸡场、1 个商品鸡

基地和1个专门从事粪污资源开发利用的生物科技公司。该园区存栏父母代肉种鸡230万套，年出栏商品肉鸡1000万只，年粪污沼气发电3000多万度，年沼气提纯生物天然气1500万m^3，年产固态生物有机肥5万t、有机水溶肥16万t（其中“新壮态”植物生长促进液6万t，“新壮态”冲施肥10万t）。

民和生态园以规范化、标准化、现代化为建设目标，花园式布局、生态循环经济是这个园区最大的特点。预防交叉污染是生态园控制疫病的重要措施。民和生态园的净区、污区能够彻底分离，人员、物资、饲料等通过西部的净道进入净区，鸡粪、污水、垃圾等通过东部的污道运出污区，有些路段污道通过地下方式避免与净道交叉，为生态园鸡群健康打下生物安全基础。这也正是现代畜牧业发展的目标，同时也是解决当下食品安全问题的措施之一。2016年，民和生态园因此成为我国首批通过农业农村部认定的“肉禽无高致病性禽流感生物安全隔离区”。

民和生态园内鸡场全部采用了自主研发的“肉种鸡全程笼养及其配套技术”和“联栋纵向通风鸡舍”，全程笼养技术获得“山东省科学技术进步奖二等奖”，开创了我国肉种鸡笼养先河，在国内种鸡饲养技术领域处于领先地位。研发“肉种鸡全程笼养及其配套技术”和“联栋纵向通风鸡舍”，最根本的出发点是有效节约土地资源，提高单位面积饲养效益。全程笼养有效解决了传统平养方式存在的管理困难、肉种鸡成活率低、受精率低、单位面积饲养密度小等问题，单位面积养殖量是传统平养的3～5倍；联栋纵向通风鸡舍由20几栋鸡舍组成，鸡舍之间没有隔离带，是连在一起的，就像把一栋楼放倒，因此称之为连栋，如此一来，极大地提高了养殖密度。通过掌握的核心技术，能有效阻断鸡舍之间可能的疾病传播，创造出适合鸡群生产的舍内环境，并能大幅节约当下宝贵的土地资源。

二、粪污处理技术

公司采用“原料分散收集—集中沼气处理—沼气发电、提纯生物天然气—沼肥分散消纳”的废物处理模式，将公司4个区域分散的养殖场的鸡粪集中处理，畜禽粪便经自有运输车辆、污水通过管道收集送至生物沼气工程集中处理，日处理鸡粪600～700t，污水400t。

沼气工程及其配套设施齐全，拥有粪污预处理车间、集水池、匀浆池、除砂池、CSTR 厌氧发酵罐、后发酵罐等基础设施及配套设备，能够将粪污通过厌氧发酵制备沼气，后端配备高效率进口颜巴赫沼气发电机组、沼气纯化压缩装置，完成沼气的多元化利用，将沼气发电厂及天然气提纯厂发酵产生的沼液经过膜前预处理及纳米级膜浓缩技术系统处理后，富集沼液中的有效营养物质，实现沼液浓缩工程化生产，开发高端有机叶面肥产品——“新壮态”。

三、粪肥还田技术

（一）配套土地面积测算

在公司现有土地基础上，继续扩大有机种植示范基地至 8000 亩，增加种植苜蓿、青贮玉米等作物种植面积，配套饲喂草食畜禽，开展一体化种养循环技术集成与示范。

以公司沼气工程为依托，辐射周边县市 10 000 亩经济作物，建立起沼液有机生态种植基地。

（二）还田主要设施设备

通过引进撒肥机、沼液车等器具，管道和机械联合施肥，改善优化有机种植基地沼液、沼渣传统施肥方式，全流程跟踪并配套精密的检测，改良基地土壤、提升土地肥力和有机质含量。

（三）粪肥施肥措施

1. 施用作物

小麦、水稻、玉米，以及部分蔬菜、果树等。

2. 施用时期

小麦在进入三叶期到拔节期之前；水稻在插秧活棵至破口期；玉米三叶期到抽雄前；蔬菜要看是叶菜类还是茄果类，叶菜类蔬菜三叶期后到采收前都可以施用，茄果类蔬菜定植活棵后至开花前都可以施用，开花后不建议施

用沼液；果树从10月中下旬到来年开花前都可以施用。若作旱茬小麦基肥使用，可在耕地前将沼肥泼浇于地表，3 ～ 4 天后再撒施化肥（根据沼肥用量，可减施化肥 40% ～ 50%）耕翻整地播种。

3. 施肥方式

小麦、玉米采用泼浇或漫灌；水稻插秧前采用先漫灌后整地，插秧后采用沟渠灌溉施用；蔬菜采用泼浇或沟灌施用；果树采用穴施或沟施，蔬菜果树有水肥一体化设备的，可以结合灌水进行滴管施用，施用时注意过滤，避免堵塞管道和滴头。沼液施用应根据养分含量和作物特点适当稀释 1 ～ 3 倍。

4. 施用量

粮食作物建议亩用量 3 ～ 4 m^3，经济作物亩用量 5 ～ 6 m^3。施用时采用少量多次，根据土壤肥力水平情况酌情增减，同时适当降低底肥氮肥的用量。

四、取得效果

1. 经济效益

发电并网电价按照 0.594 元 / 度，日发电量 7.0 万度，全年 330 天计算，年发电销售收入为 1372 万元。同时有效带动了以沼气为纽带的集能源业、种植业、养殖业、加工业于一体的良性循环经济模式，带动了地区养殖业、新能源、有机种植、物流运输等多个相关行业的发展，增加 3200 个就业机会，让本地区 20 000 余名农户人均增收 10 000 元，经济效益比较显著。

2. 社会和生态效益

通过以沼气工程成功运行为纽带，实现了畜禽养殖业与种植业完美结合，公司为农户提供优质沼液肥料，并与蓬莱区农业农村局合作在蓬莱区刘家沟镇南吴家村建设 1000 亩“省级沼液有机种植生态园”；有机叶面肥已经在全国推广示范，示范面积为 1 万亩，形成沼液使用技术培训基地 1 个，集中对种植户进行专业的技术指导。

沼气发电实现年并网发电 2300 多万度，并且该项目是目前国内农业领域唯一在联合国注册成功的 CDM 项目，年减排 CO_2 超过 8 万 t，实现了良好的经济、社会及生态效益；沼气经高效提纯工艺提纯生物天然气，并实现生物天然气车用、工业用、入天然气管网及农村集中供气等多元化模式。年产粗沼气2500万m^3，年产生物天然气1500万m^3，年回收热电联产机组余热相当于1.5万t标准煤，成功实现了节能减排，以生物燃气模式成功地完成物质与能量的循环利用，为种养结合循环模式开辟了一条崭新的道路。

附　录

附录1　畜禽规模养殖污染防治条例

第一章　总　则

第一条　为了防治畜禽养殖污染，推进畜禽养殖废弃物的综合利用和无害化处理，保护和改善环境，保障公众身体健康，促进畜牧业持续健康发展，制定本条例。

第二条　本条例适用于畜禽养殖场、养殖小区的养殖污染防治。

畜禽养殖场、养殖小区的规模标准根据畜牧业发展状况和畜禽养殖污染防治要求确定。

牧区放牧养殖污染防治，不适用本条例。

第三条　畜禽养殖污染防治，应当统筹考虑保护环境与促进畜牧业发展的需要，坚持预防为主、防治结合的原则，实行统筹规划、合理布局、综合利用、激励引导。

第四条　各级人民政府应当加强对畜禽养殖污染防治工作的组织领导，采取有效措施，加大资金投入，扶持畜禽养殖污染防治以及畜禽养殖废弃物综合利用。

第五条　县级以上人民政府环境保护主管部门负责畜禽养殖污染防治的统一监督管理。

县级以上人民政府农牧主管部门负责畜禽养殖废弃物综合利用的指导和服务。

县级以上人民政府循环经济发展综合管理部门负责畜禽养殖循环经济工作的组织协调。

县级以上人民政府其他有关部门依照本条例规定和各自职责，负责畜禽养殖污染防治相关工作。

乡镇人民政府应当协助有关部门做好本行政区域的畜禽养殖污染防治工作。

第六条　从事畜禽养殖以及畜禽养殖废弃物综合利用和无害化处理活动，应当符合国家有关畜禽养殖污染防治的要求，并依法接受有关主管部门的监督检查。

第七条　国家鼓励和支持畜禽养殖污染防治以及畜禽养殖废弃物综合利用和无害化处理的科学技术研究和装备研发。各级人民政府应当支持先进适用技术的推广，促进畜禽养殖污染防治水平的提高。

第八条　任何单位和个人对违反本条例规定的行为，有权向县级以上人民政府环境保护等有关部门举报。接到举报的部门应当及时调查处理。

对在畜禽养殖污染防治中作出突出贡献的单位和个人，按照国家有关规定给予表彰和奖励。

第二章　预　防

第九条　县级以上人民政府农牧主管部门编制畜牧业发展规划，报本级人民政府或者其授权的部门批准实施。畜牧业发展规划应当统筹考虑环境承载能力以及畜禽养殖污染防治要求，合理布局，科学确定畜禽养殖的品种、规模、总量。

第十条　县级以上人民政府环境保护主管部门会同农牧主管部门编制畜禽养殖污染防治规划，报本级人民政府或者其授权的部门批准实施。畜禽养殖污染防治规划应当与畜牧业发展规划相衔接，统筹考虑畜禽养殖生产布局，明确畜禽养殖污染防治目标、任务、重点区域，明确污染治理重点设施建设，以及废弃物综合利用等污染防治措施。

第十一条　禁止在下列区域内建设畜禽养殖场、养殖小区：

（一）饮用水水源保护区，风景名胜区；

（二）自然保护区的核心区和缓冲区；

（三）城镇居民区、文化教育科学研究区等人口集中区域；

（四）法律、法规规定的其他禁止养殖区域。

第十二条　新建、改建、扩建畜禽养殖场、养殖小区，应当符合畜牧业发展规划、畜禽养殖污染防治规划，满足动物防疫条件，并进行环境影响评价。对环境可能造成重大影响的大型畜禽养殖场、养殖小区，应当编制环境影响报告书；其他畜禽养殖场、养殖小区应当填报环境影响登记表。大型畜禽养殖场、养殖小区的管理目录，由国务院环境保护主管部门商国务院农牧主管部门确定。

环境影响评价的重点应当包括：畜禽养殖产生的废弃物种类和数量，废弃物综合利用和无害化处理方案和措施，废弃物的消纳和处理情况以及向环境直接排放的情况，最终可能对水体、土壤等环境和人体健康产生的影响以及控制和减少影响的方案和措施等。

第十三条　畜禽养殖场、养殖小区应当根据养殖规模和污染防治需要，建设相应的畜禽粪便、污水与雨水分流设施，畜禽粪便、污水的贮存设施，粪污厌氧消化和堆沤、有机肥加工、制取沼气、沼渣沼液分离和输送、污水处理、畜禽尸体处理等综合利用和无害化处理设施。已经委托他人对畜禽养殖废弃物代为综合利用和无害化处理的，可以不自行建设综合利用和无害化处理设施。

未建设污染防治配套设施、自行建设的配套设施不合格，或者未委托他人对畜禽养殖废弃物进行综合利用和无害化处理的，畜禽养殖场、养殖小区不得投入生产或者使用。

畜禽养殖场、养殖小区自行建设污染防治配套设施的，应当确保其正常运行。

第十四条　从事畜禽养殖活动，应当采取科学的饲养方式和废弃物处理工艺等有效措施，减少畜禽养殖废弃物的产生量和向环境的排放量。

第三章　综合利用与治理

第十五条　国家鼓励和支持采取粪肥还田、制取沼气、制造有机肥等方法，对畜禽养殖废弃物进行综合利用。

第十六条　国家鼓励和支持采取种植和养殖相结合的方式消纳利用畜禽养殖废弃物，促进畜禽粪便、污水等废弃物就地就近利用。

第十七条　国家鼓励和支持沼气制取、有机肥生产等废弃物综合利用以及沼渣沼液输送和施用、沼气发电等相关配套设施建设。

第十八条　将畜禽粪便、污水、沼渣、沼液等用作肥料的，应当与土地的消纳能力相适应，并采取有效措施，消除可能引起传染病的微生物，防止污染环境和传播疫病。

第十九条　从事畜禽养殖活动和畜禽养殖废弃物处理活动，应当及时对畜禽粪便、畜禽尸体、污水等进行收集、贮存、清运，防止恶臭和畜禽养殖废弃物渗出、泄漏。

第二十条　向环境排放经过处理的畜禽养殖废弃物，应当符合国家和地方规定的污染物排放标准和总量控制指标。畜禽养殖废弃物未经处理，不得直接向环境排放。

第二十一条　染疫畜禽以及染疫畜禽排泄物、染疫畜禽产品、病死或者死因不明的畜禽尸体等病害畜禽养殖废弃物，应当按照有关法律、法规和国务院农牧主管部门的规定，进行深埋、化制、焚烧等无害化处理，不得随意处置。

第二十二条　畜禽养殖场、养殖小区应当定期将畜禽养殖品种、规模以及畜禽养殖废弃物的产生、排放和综合利用等情况，报县级人民政府环境保护主管部门备案。环境保护主管部门应当定期将备案情况抄送同级农牧主管部门。

第二十三条　县级以上人民政府环境保护主管部门应当依据职责对畜禽养殖污染防治情况进行监督检查，并加强对畜禽养殖环境污染的监测。

乡镇人民政府、基层群众自治组织发现畜禽养殖环境污染行为的，应当及时制止和报告。

第二十四条　对污染严重的畜禽养殖密集区域，市、县人民政府应当制定综合整治方案，采取组织建设畜禽养殖废弃物综合利用和无害化处理设施、有计划搬迁或者关闭畜禽养殖场所等措施，对畜禽养殖污染进行治理。

第二十五条　因畜牧业发展规划、土地利用总体规划、城乡规划调整以及划定禁止养殖区域，或者因对污染严重的畜禽养殖密集区域进行综合整治，

确需关闭或者搬迁现有畜禽养殖场所，致使畜禽养殖者遭受经济损失的，由县级以上地方人民政府依法予以补偿。

第四章 激励措施

第二十六条 县级以上人民政府应当采取示范奖励等措施，扶持规模化、标准化畜禽养殖，支持畜禽养殖场、养殖小区进行标准化改造和污染防治设施建设与改造，鼓励分散饲养向集约饲养方式转变。

第二十七条 县级以上地方人民政府在组织编制土地利用总体规划过程中，应当统筹安排，将规模化畜禽养殖用地纳入规划，落实养殖用地。

国家鼓励利用废弃地和荒山、荒沟、荒丘、荒滩等未利用地开展规模化、标准化畜禽养殖。

畜禽养殖用地按农用地管理，并按照国家有关规定确定生产设施用地和必要的污染防治等附属设施用地。

第二十八条 建设和改造畜禽养殖污染防治设施，可以按照国家规定申请包括污染治理贷款贴息补助在内的环境保护等相关资金支持。

第二十九条 进行畜禽养殖污染防治，从事利用畜禽养殖废弃物进行有机肥产品生产经营等畜禽养殖废弃物综合利用活动的，享受国家规定的相关税收优惠政策。

第三十条 利用畜禽养殖废弃物生产有机肥产品的，享受国家关于化肥运力安排等支持政策；购买使用有机肥产品的，享受不低于国家关于化肥的使用补贴等优惠政策。

畜禽养殖场、养殖小区的畜禽养殖污染防治设施运行用电执行农业用电价格。

第三十一条 国家鼓励和支持利用畜禽养殖废弃物进行沼气发电，自发自用、多余电量接入电网。电网企业应当依照法律和国家有关规定为沼气发电提供无歧视的电网接入服务，并全额收购其电网覆盖范围内符合并网技术标准的多余电量。

利用畜禽养殖废弃物进行沼气发电的，依法享受国家规定的上网电价优惠政策。利用畜禽养殖废弃物制取沼气或进而制取天然气的，依法享受新能源优惠政策。

第三十二条　地方各级人民政府可以根据本地区实际，对畜禽养殖场、养殖小区支出的建设项目环境影响咨询费用给予补助。

第三十三条　国家鼓励和支持对染疫畜禽、病死或者死因不明畜禽尸体进行集中无害化处理，并按照国家有关规定对处理费用、养殖损失给予适当补助。

第三十四条　畜禽养殖场、养殖小区排放污染物符合国家和地方规定的污染物排放标准和总量控制指标，自愿与环境保护主管部门签订进一步削减污染物排放量协议的，由县级人民政府按照国家有关规定给予奖励，并优先列入县级以上人民政府安排的环境保护和畜禽养殖发展相关财政资金扶持范围。

第三十五条　畜禽养殖户自愿建设综合利用和无害化处理设施、采取措施减少污染物排放的，可以依照本条例规定享受相关激励和扶持政策。

第五章　法律责任

第三十六条　各级人民政府环境保护主管部门、农牧主管部门以及其他有关部门未依照本条例规定履行职责的，对直接负责的主管人员和其他直接责任人员依法给予处分；直接负责的主管人员和其他直接责任人员构成犯罪的，依法追究刑事责任。

第三十七条　违反本条例规定，在禁止养殖区域内建设畜禽养殖场、养殖小区的，由县级以上地方人民政府环境保护主管部门责令停止违法行为；拒不停止违法行为的，处 3 万元以上 10 万元以下的罚款，并报县级以上人民政府责令拆除或者关闭。在饮用水水源保护区建设畜禽养殖场、养殖小区的，由县级以上地方人民政府环境保护主管部门责令停止违法行为，处 10 万元以上 50 万元以下的罚款，并报经有批准权的人民政府批准，责令拆除或者关闭。

第三十八条　违反本条例规定，畜禽养殖场、养殖小区依法应当进行环境影响评价而未进行的，由有权审批该项目环境影响评价文件的环境保护主管部门责令停止建设，限期补办手续；逾期不补办手续的，处 5 万元以上 20 万元以下的罚款。

第三十九条　违反本条例规定，未建设污染防治配套设施或者自行建设的配套设施不合格，也未委托他人对畜禽养殖废弃物进行综合利用和无害化处理，畜禽养殖场、养殖小区即投入生产、使用，或者建设的污染防治配套设施未正常运行的，由县级以上人民政府环境保护主管部门责令停止生产或者使用，可以处10万元以下的罚款。

第四十条　违反本条例规定，有下列行为之一的，由县级以上地方人民政府环境保护主管部门责令停止违法行为，限期采取治理措施消除污染，依照《中华人民共和国水污染防治法》《中华人民共和国固体废物污染环境防治法》的有关规定予以处罚：

（一）将畜禽养殖废弃物用作肥料，超出土地消纳能力，造成环境污染的；

（二）从事畜禽养殖活动或者畜禽养殖废弃物处理活动，未采取有效措施，导致畜禽养殖废弃物渗出、泄漏的。

第四十一条　排放畜禽养殖废弃物不符合国家或者地方规定的污染物排放标准或者总量控制指标，或者未经无害化处理直接向环境排放畜禽养殖废弃物的，由县级以上地方人民政府环境保护主管部门责令限期治理，可以处5万元以下的罚款。县级以上地方人民政府环境保护主管部门作出限期治理决定后，应当会同同级人民政府农牧等有关部门对整改措施的落实情况及时进行核查，并向社会公布核查结果。

第四十二条　未按照规定对染疫畜禽和病害畜禽养殖废弃物进行无害化处理的，由动物卫生监督机构责令无害化处理，所需处理费用由违法行为人承担，可以处3000元以下的罚款。

第六章　附　则

第四十三条　畜禽养殖场、养殖小区的具体规模标准由省级人民政府确定，并报国务院环境保护主管部门和国务院农牧主管部门备案。

第四十四条　本条例自2014年1月1日起施行。

附录2　山东省畜禽养殖粪污处理利用实施方案

一、畜禽养殖粪污综合利用现状

1. 畜禽粪污产生情况

1）畜禽养殖量大。我省是畜禽养殖大省。据初步测算，2015年，全省畜牧业总产值2500亿元，居全国第1位；生猪存栏2849.6万头，居全国第4位；牛存栏503.6万头，居全国第5位；羊存栏2235.7万只，居全国第2位；家禽存栏6.1亿只，居全国第1位。全省畜禽总存栏合计9490万个标准猪单位。每平方公里土地负荷604.7个标准猪单位，是全国平均水平的6.4倍；每公顷耕地负荷12.6个标准猪单位，是全国平均水平的1.9倍。

2）粪污产生量多。全省畜禽养殖每年约产生粪尿2.7亿吨，其中粪1.8亿吨、尿0.9亿吨。分品种看，猪为1.0亿吨，占36.3%；牛为0.9亿吨，占32.6%；羊为0.3亿吨，占12.0%；家禽为0.5亿吨，占19.1%。

3）分布差异显著。从生猪和奶牛粪尿产生量看，产生量比较大的前5个市是临沂、潍坊、菏泽、泰安、济宁，粪尿产生量为9080万吨，占全省的52.2%。从畜禽粪尿产生总量看，比较大的前5个市是德州、菏泽、临沂、潍坊和聊城，粪尿产生量为1.31亿吨，占全省的48.9%。从单位耕地面积负荷看，粪污产生量最为集中的地区为泰安、德州和济南，每公顷耕地负载达到50吨以上，是全国平均水平的2倍多。综合评价，德州、泰安、济南、临沂、潍坊、菏泽、聊城等畜禽养殖处理利用的任务比较繁重。

2. 粪污处理利用情况

1）利用取得较大进展。近年来，各级政府把畜禽养殖污染治理摆上重要议程，逐步加大工作力度，强化规划布局，推广适宜模式，取得了较好效果。目前，全省畜禽粪便利用率达到92%，处理利用率70%，污水处理利用率46%。

2）主要模式得到推广。一是自然发酵处理。主要用于家禽和散养牛羊、生猪，粪便堆积发酵、污水沉淀降解后还田，约占畜禽粪污处理量的30%；二是垫料发酵床处理。主要用于中小型生猪和肉禽养殖，粪尿同时发酵降解，基本实现零排放，约占畜禽粪污处理量的17%；三是沼气工程处理。主要用于大中型生猪和奶牛养殖，粪尿厌氧发酵，沼气用于生产、生活或发电，沼渣沼液处理还田，约占畜禽粪污处理量的5%；四是生产有机肥。主要是利用生猪、奶牛和肉牛规模化养殖场的粪便，加工成商品有机肥，约占畜禽粪便处理量的4%。

3）设施建设不断加强。截至2015年年底，全省建设各类畜禽发酵床1350万平方米，存养畜禽6025.7万头（只），其中生猪538万平方米、484万头，家禽807万平方米、5541万只，肉牛肉羊5万平方米、0.7万头（只）。全省利用畜禽粪便生产有机肥企业108个，年加工商品有机肥425万吨。全省畜禽养殖场共建设大型沼气工程360个，厌氧池总容积51.2万立方米，其中利用沼气发电企业63家，年发电量约7000万千瓦时。

3. 存在的主要问题

1）污染影响大。全省600多万个畜禽养殖场户广泛分布在各地，污染面广量大。不仅造成部分水体富营养化，污染养殖场周边空气，而且传播疫病，影响农牧产品质量安全和人体健康。其中，污水是养殖污染的主要来源。据环保部门检测，全省COD排放和氨氮排放总量中，来自畜禽养殖的分别占70%和38%。

2）处理成本高。存栏量2000头的养猪场日产污水约30吨，存栏量1000头的奶牛场日产污水约100吨。出栏1头生猪污水处理成本需要20元，1头奶牛每年的污水处理费用要260元。如果加上折旧和固体粪便的处理，成本还要增加50%。

3）种养循环差。由于化肥增产的比较优势、耕地碎片化、农村劳动力缺乏等问题，使养殖与种植无法有效衔接，造成了畜禽粪污无法得到充分利用。据调查，全省真正实现种养结合的比例在20%左右。充足的畜禽粪肥资源与仅有1.4%有机质含量的土壤地力现状形成了较大反差。据资料，欧美等发达国家农作物产量70%～80%靠基础地力，20%～30%靠水肥投入，而我省耕地基础地力对农作物产量的贡献率仅为50%，与欧美等发达国家相比，低20～30个百分点。

4）技术支撑弱。无论在控源减排、清洁生产、无害化处理，还是在资源化利用等技术方面，缺乏专门研究、推广和服务力量，造成单位产品粪污产生量多、粪污处理不彻底、利用率不高等问题。畜禽养殖污染监测和治理的标准、方法、技术难以满足需要，无害化处理、市场化运作机制尚未建立。

5）资金投入少。畜禽养殖比较效益低，大多数场户无力对污染治理进行投入。近几年，各级财政在畜禽污染治理上的投入较少，远不能满足粪污处理资金需求。金融部门的信贷积极性不高，已有的沼气发电并网和补贴政策难以落实，导致粪污治理设施设备配套不全、运转困难。

6）历史欠账多。主要表现在，养殖场内部设施设备工艺落后，如长流水饮水，水冲粪、水泡粪工艺多，雨污混流，粪污贮存不符合防渗、防雨、防溢流要求，粪污处理利用设施不配套等，填平补齐改造投资需求量大，全省畜禽粪污处理欠账多。

二、基本原则和任务目标

1. 基本原则

——统筹兼顾，突出重点。突出扶持畜禽养殖大县（市、区）粪污处理利用，特别支持产污量较多的生猪、奶牛养殖场粪污处理利用。既要着眼长远源头预防，又要突出当前污染治理。

——全程控制，生态循环。按照全程控制要求，落实畜禽养殖粪污处理利用措施。把畜牧业变成生态循环大农业的重要一环，合理布局规模化养殖场，积极发展粪污利用资源化等生态循环畜牧业模式。

——政府引导，多方投入。积极采取财政扶持、信贷支持等措施，引导社会资本投资畜禽养殖粪污利用和污染治理项目建设。鼓励发展包括设计、施工、运行等畜牧环保服务承包、政府和社会资本合作等模式，形成多路径、多形式、多层次推进格局。

——无害处理，资源利用。要把粪污就地无害化处理、就近肥料化利用的种养结合方式放在首位。因地制宜，利用粪污发展商品有机肥、沼气、天然气生产等，提高资源化利用水平。

——科技支撑，创新驱动。围绕重点问题和关键环节，加强粪污处理利用关键技术攻关和新技术转化，加快提升科技支撑能力。不断创新思路、创新机制、创新方法，加快培植新主体、培育新业态、培养新产业。

2. 任务目标

到2017年，依法完成禁养区内畜禽养殖场（小区）和养殖专业户的关闭或搬迁；畜禽粪便处理利用率达到78%以上，污水处理利用率达到50%以上；向环境排放的畜禽粪污符合国家和地方规定的污染物排放标准和总量控制指标；粪污处理利用模式基本建立；粪污处理利用产业化开发初见成效。

到2020年，全省规模养殖场畜禽粪便和污水处理利用率分别到90%和60%以上；种养相对平衡、农牧共生互动、生态良好循环的生态畜牧业产业体系基本形成，在全国率先建成现代生态畜牧业强省。规模化畜禽养殖场区全部配套建设粪污贮存、处理、利用设施并正常运行，或者委托他人对畜禽粪污代为综合利用和无害化处理。各地完成畜禽养殖“三区”划分，区域养殖量达到“三区”功能定位要求。粪污处理利用模式趋于成熟稳定，粪污处理利用产业化开发取得突破。

三、实施重点

1. 加快调整优化产业布局

1）划定“三区”，优化养殖布局。县级政府应依据有关法律法规，结合当地畜禽养殖实际和环境保护需要，科学划定禁养区、限养区和适养区。2017年年底前完成禁养区内养殖场户关闭或搬迁，其中，国家水污染防治重点流域即海河淮河流域内各市及畜禽养殖污染防治重点区域提前1年完成。限养区内，严格控制畜禽养殖场区的数量和规模，不得新建小型畜禽养殖场区。限养区和适养区内，新建畜禽养殖场（区），要严格执行环境影响评价及“三同时”制度。对既有的畜禽养殖场（区）要落实粪污处理利用措施，对不达标的限期治理。

2）农牧结合，优化生态布局。引导支持畜禽养殖向适宜养殖区集中，并与种植业生产配套布局。结合各地畜牧业发展规划、畜禽养殖污染防治规划和《山东省主体功能区规划》等，因地制宜，做好畜－粮、畜－菜、畜－果结合工作，在搞好粪污无害化处理的基础上，实现粪污资源化利用，形成养殖业、种植业生态循环大格局。在目前农牧结合率约30%的基础上，未来5年，分别按照15%、12%、9%、6%和3%的速度增加农牧结合的比例，到2020年争取75%的畜禽养殖实现农牧结合。粪便污水产生量超过周边环境承载能力的养殖场（区），要切实搞好粪便的商品化利用和污水的处理再利用或达标排放。各级政府应对购买使用有机肥的种植者给予政策补贴，鼓励使用有机肥，减少化肥使用量。

2. 大力推行标准化清洁生产

1）大力推进标准化生产。组织环保饲料研究开发。积极推广饲料科学配方、新型饲料添加剂、分阶段高效饲养技术，提高畜禽生产效率，降低污染物排放量。完善技术、设备的组装配套，引导大型奶牛场和养猪场不断完善精细化管理制度，采用先进适用生产技术，加强养殖全程监控，提高生产管理水平。

2）全面推行粪污处理基础设施标准化改造，即“一控两分三防两配套一基本”建设。“一控”，即改进节水设备，控制用水量，压减污水产生量。“两分”，即改造建设雨污分流、暗沟布设的污水收集输送系统，实现雨污分离；改变水冲粪、水泡粪等湿法清粪工艺，推行干法清粪工艺，实现干湿分离；“三防”，即配套设施符合防渗、防雨、防溢流要求；“两配套”，即养殖场配套建设储粪场和污水储存池，“一基本”，即粪污基本实现无害化处理、资源化利用。

3. 分类推行无害化处理资源化利用模式

1）自然发酵。厌氧堆肥发酵是传统的堆肥方法，在无氧条件下，借助厌氧微生物将有机质进行分解，主要适用于各类中小型畜禽养殖场和散养户固体粪便的处理。液体粪污，在氧化塘自然发酵处理后还田，主要适用于各类中小型畜禽养殖场和散养户。

2）垫料发酵床。将发酵菌种与秸秆等混合制成有机垫料，利用其中的微生物对粪便进行分解形成有机肥还田。主要适用于中小型生猪养殖场、肉鸭养殖场等。

3）有机肥生产。有机肥生产主要是采用好氧堆肥发酵。好氧堆肥发酵，是在有氧条件下，依靠好氧微生物的作用使粪便中有机物质稳定化的过程。好氧堆肥有条垛、静态通气、槽式、容器等 4 种堆肥形式。堆肥过程中可通过调节碳氮比、控制堆温、通风、添加沸石和采用生物过滤床等技术进行除臭。主要适用于各类大型养殖场、养殖密集区和区域性有机肥生产中心对固体粪便处理。

4）沼气工程。养殖场畜禽粪便、尿液及其冲洗污水经过预处理后进入厌氧反应器，经厌氧发酵产生沼气、沼渣和沼液。一般 1 吨鲜粪产生沼气 50 立方米左右，1 立方米沼气相当于 0.7 kg 标准煤，能够发电约 2 度。主要适用于大型畜禽养殖场、区域性专业化集中处理中心。

5）种养结合。即“以地定养、以养肥地、种养对接”，根据畜禽养殖规模配套相应粪污消纳土地，或根据种植需要发展相应养殖场户。种植养殖通过流转土地一体运作、建立合作社联动运作、签订粪污产用合同订单运作等方式，针对种植需要对畜禽粪便和污水采取不同方式处理后，直接用于农作物、蔬菜、果品生产，形成农牧良性循环模式，维护畜禽健康养殖、生产高端农产品、提高土壤肥力，实现生态、经济效益双丰收。

四、保障措施

1. 强化政策支持

按照“政策引导、社会参与，重点治理、区域推进，目标分解、逐步实施”原则，根据区域经济发展特点、畜禽养殖发展现状、种养业结合程度、畜禽粪污处理利用基础等情况，对畜禽粪污处理利用分类、分批、分区域进行政策支持。对于禁养区内畜禽养殖场户关闭或搬迁，致使畜禽养殖者遭受经济损失的，县级以上政府要依法予以补偿。对于畜禽养殖粪污无害化处理设施建设用地，国土资源部门要按照土地管理法律法规规定，优先予以保障。从事畜禽养殖粪污无害化处理的个人和单位，享受国家规定的办理有关许可、税收、用电等优惠政策。环保部门要严格依法加快区域性专业化粪污无害化处理厂（中心）的环评文件审批工作。畜禽养殖粪污无害化处理厂从事循环经济的收入，按规定享受企业所得税优惠政策。畜禽养殖场、养殖小区的畜禽养殖污染防治设施运行用电，执行农业用电价格。农业机械管理部门要将符合要求的畜禽粪污处理设备纳入农机购置补贴范围。金融机构要拓宽金融支持领域，加大对畜禽粪污无害化处理企业的贷款扶持力度。

2. 强化示范引导

1）加强示范创建。开展不同畜禽、不同规模、不同模式的畜禽粪污处理技术示范和典型培育。引导畜禽养殖场以“一控两分三防两配套一基本”为主要内容，进行标准化改造。及时总结典型，树立示范标杆，通过现场会、座谈会、培训班等形式，推广先进经验，不断提高粪污处理利用水平。

2）搞好规划引导。制定发布我省畜禽养殖粪污处理利用实施意见和畜禽养殖污染防治规划，确定目标，明确重点，制定政策，落实措施。根据全省主体功能区规划要求和畜牧业发展实际，引导各地及早划定禁养区、限养区。

3）推进政策落实。现代畜牧业、耕地质量提升等相关项目继续向畜禽粪污处理利用倾斜。拓宽现有的环保和涉农财政资金渠道，加强资金整合，逐步建立各级财政、企业、社会多元化投入机制。

3. 强化科技支撑

1）加强科技研发。集中人力、物力、财力，研究集成一批控源减排、清洁生产、高效堆肥、沼液沼渣综合利用等先进技术。攻关研发前瞻技术，如畜禽粪便综合养分管理计划编制、粪污利用环境风险防控等技术。

2）加强技术组装。组织科研、教学、推广等各方力量，对场舍建设、饲料生产、饲喂方式、粪污处理、农牧结合等关键技术组装配套。广泛开展国际技术交流合作，加强先进技术和设备的引进与创新，为畜禽粪污处理利用提供有力的技术支持。

3）加强技术推广。通过示范、培训等多种方式，加快粪污处理技术推广，把低氮饲料生产使用、干清粪、污水处理利用等先进实用技术，尽快应用到生产实践中。通过人才引进、交流合作、技能培训，尽快建立一支与粪污处理利用相适应的人才队伍。

4. 强化监督管理

1）抓好条例落实。全面贯彻《畜禽规模养殖污染防治条例》（国务院令第 643 号），明确部门职能，落实预防措施，配套完善综合利用与治理设施，细化激励政策，明确法律责任，全面做好畜禽粪污处理，有效预防环境污染。

2）密切部门合作。环保部门要把畜禽养殖污染物排放作为经常性监督检查的重要内容，在搞好日常监管的同时，组织开展对重点区域、重点企业的联合执法检查。逐步建立监督监测、信息发布制度，加强日常抽查检测，定期公布检测结果。畜牧兽医部门要做好畜禽养殖粪污处理与综合利用的技术指导和服务工作，农业部门应做好畜禽粪肥还田的组织与引导工作。

3）加大宣传力度。要充分利用各类新闻媒体，加强宣传报道，提高社会各界对畜禽养殖污染防治重要性的认识，增强环保意识，调动社会各方面参与污染防治的积极性，为搞好畜禽养殖粪污处理利用创造良好的舆论氛围。

附录 3　设施番茄畜禽粪肥安全施用技术规程（T/SDAS 543—2022）

前　言

本文件按照 GB/T 1.1—2020《标准化工作导则　第 1 部分：标准化文件的结构和起草规则》的规定起草。

请注意本文件的某些内容可能涉及专利。本文件的发布机构不承担识别专利的责任。

本文件由山东省农业科学院提出。

本文件由山东标准化协会归口。

本文件起草单位：山东省农业科学院。

本文件主要起草人：王艳芹、李彦、仲子文、孙明、付龙云、刘兆东、井永苹、薄录吉、张英鹏。

设施番茄畜禽粪肥安全施用技术规程

1　范围

本文件规定了畜禽粪肥在设施番茄上安全施用技术规程的技术内容。

本文件适用于山东省畜禽粪肥在设施番茄中的施用。

2　规范性引用文件

下列文件中的内容通过文中的规范性引用而构成本文件必不可少的条款。其中，注日期的引用文件，仅该日期对应的版本适用于本文件；不注日期的引用文件，其最新版本（包括所有的修改单）适用于本文件。

GB 7959　粪便无害化卫生标准

GB/T 19524.1　肥料中粪大肠菌群的测定

GB/T 19524.2　肥料中蛔虫卵死亡率的测定

GB/T 24875　畜禽粪便中铅、镉、铬、汞的测定　电感耦合等离子体质谱法

GB/T 40750　农用沼液

NY/T 1168　畜禽粪便无害化处理技术规范

NY/T 2596　沼肥

NY/T 3877　畜禽粪便土地承载力测算方法

NY/T 3442　畜禽粪便堆肥技术规范

NY/T 4046　畜禽粪水还田技术规程

3　术语和定义

下列术语和定义适用于本文件。

3.1　畜禽粪便 Livestock and poultry waste

畜禽的粪、尿排泄物等，可根据其中固形物含量不同分成固态粪便和液态粪便。

3.2　畜禽粪肥　Fertilizer from domestic animal manure

以畜禽粪便为主要原料，经充分杀灭病原菌、虫卵和杂草种子后，可作为肥料还田利用的堆肥、沼肥、肥水、商品有机肥和农家粪肥等。

3.3　固态粪肥　Solid manure

以固态粪便为主要原料，经无害化处理后可用于还田的混合物。

3.4　液态粪肥　Liquid manure

指液态粪便通过无害化处理，充分杀灭病原菌、虫卵和杂草种子后作为肥料还田利用的流态混合物。

3.5　粪肥还田　Manure land-application

畜禽粪污原料经过处理后的中间产物或终产物作为肥料应用于农田种植的一种方法。

3.6　安全使用 Safety using

畜禽粪便作为肥料使用，应使农产品产量、质量和周边环境没有危险，不受到威胁。畜禽粪肥施于农田，其卫生学指标、重金属含量、施肥用量及注意要点应达到本标准提出的要求。

4　相关要求

4.1　无害化处理

4.1.1　畜禽粪便还田前，应进行处理，且充分腐熟并杀灭病原菌、虫卵和杂草种子。

4.1.2　固态粪肥和液态粪肥，其卫生学指标应符合表 1 的规定。

表 1　畜禽粪肥卫生学要求

项　目	指　标	
	固态粪肥	液态粪肥
粪大肠菌群数	≤ 100 个 /g	≤ 100 个 /mL
蛔虫卵死亡率	≥ 95%	≥ 95%
血吸虫卵和钩虫卵	—	无活的血吸虫卵和钩虫卵
蚊子、苍蝇	无活的蛆，蛹和新羽化的成蝇	无蚊蝇幼虫，液体周边无活的蛆，蛹和新羽化的成蝇

4.1.3　固态粪肥和液态粪肥，主要 5 种重金属含量应达到表 2 要求。

表 2　畜禽粪肥重金属含量要求

项目	单位	要求	
		固态粪肥	液态粪肥
总铬 Cr（以干基计）	mg/kg	≤ 150	≤ 50
总镉 Cd（以干基计）	mg/kg	≤ 3	≤ 10
总铅 Pb（以干基计）	mg/kg	≤ 50	≤ 50
总砷 As（以干基计）	mg/kg	≤ 15	≤ 10
总汞 Hg（以干基计）	mg/kg	≤ 2	≤ 5

4.2 安全使用

4.2.1 使用原则

4.2.1.1 畜禽粪肥作为肥料应充分腐熟，卫生学指标及重金属含量达到本标准的要求后方可施用。

4.2.1.2 畜禽粪肥单独或与其他肥料配施时，应满足作物对营养元素的需要，适量施肥，以保持或提高土壤肥力及土壤活性。

4.2.1.3 畜禽粪肥的施用应不对环境和作物产生不良后果，液态粪肥施用时可与耕地相结合，及时将液态粪肥翻入土中，避免养分以气体形式损失；应防止可食部接触液态粪肥，且果实采收前 2 周停止施用液态粪肥。

4.2.1.4 液态粪肥施用时可与灌溉配合，液态粪肥与灌溉水比例应根据当地气候条件、作物品种、土壤墒情、养分浓度、农艺制度等确定。

4.2.2 固态粪肥基肥施用方法

设施番茄大棚耕地前将肥料均匀撒于地表，结合耕地把肥料翻入土中，使肥土相融。

4.2.3 液态粪肥施用方法

4.2.3.1 基肥（基施）：

在设施番茄大棚耕种前，利用小型液罐车、专用机具等系统将液态粪肥直接施用于土壤表面。

4.2.3.2 追肥（追施）：

a）在番茄生长期间，液态粪肥随水滴灌施入。

b）液态粪肥施入前需过滤，避免堵塞滴灌管。

小麦季施用方法和施用量：

4.2.4 还田限量

4.2.4.1 根据土壤肥力，确定番茄预期产量（能达到的目标产量），计算番茄单位产量的养分吸收量。

4.2.4.2 结合畜禽粪肥中营养元素的含量、番茄当季的利用率，计算基施或追施应投加的畜禽粪肥的量。粪肥施用量一般应以氮养分供需平衡为基准计算，液态粪肥施用 2 年后，需考虑磷的效应。

4.2.4.3　固态粪肥替代化肥的比例以 30% ～ 60% 为宜，液态粪肥可 100% 替代化肥，具体比例可根据实地田间试验结果进一步确定。

4.2.4.4　番茄氮磷养分需求及粪肥施用量见附录 A。

附录 A

（资料性）

不同作物氮磷养分需求及发酵后污水施用量

A.1 番茄形成 100 kg 产量需要吸收氮磷量推荐值见表 A.1。

A.2 土壤不同氮养分水平下施肥供给养分占比推荐值见表 A.2。

A.3 番茄粪肥施用量推荐值见表 A.3。

表 A.1　番茄形成 100 kg 产量需要吸收氮磷量推荐值

作物种类	氮 N/kg	磷 P/kg
番茄	0.33	0.1

表 A.2　土壤不同氮养分水平下施肥供给养分占比推荐值

土壤氮磷养分分级	Ⅰ	Ⅱ	Ⅲ
施肥供给占比	35%	45%	55%
土壤全氮含量 /（g/kg）	＞ 1.0	0.8 ～ 1.0	＜ 0.8

表 A.3　番茄粪肥施用量推荐值

（土壤氮养分水平Ⅱ，以氮为基础）

作物种类	目标产量 /（t/hm^2）	需氮量 /（N kg/hm^2）	粪肥	粪肥推荐施用量 /（t/hm^2）
番茄	75	247.5	全部固态粪肥 粪肥比例 50%	3.1 ～ 8.3
番茄	75	247.5	全部液态粪肥 粪肥比例 100%	247.5 ～ 1237.5
备注： 固态粪肥按照总氮含量 1.5% ～ 4.0%，液态粪肥按照总氮含量 0.2‰～ 1.0‰计算，建议按照养殖场发酵后污水实际情况进行调整。				